露天矿山台阶
中深孔爆破开采技术

国家安全生产监督管理总局　编

王德胜　龚　敏　主编

北　京
冶 金 工 业 出 版 社
2009

图书在版编目(CIP)数据

露天矿山台阶中深孔爆破开采技术/王德胜，龚敏主编．—北京：冶金工业出版社，2007.10（2009.5 重印）

ISBN 978-7-5024-4404-4

Ⅰ.露… Ⅱ.①王… ②龚… Ⅲ.露天矿—台阶（露采）—深孔爆破—煤矿开采 Ⅳ.TD824.2

中国版本图书馆 CIP 数据核字（2007）第 155566 号

出 版 人 曹胜利
地　　址 北京北河沿大街嵩祝院北巷 39 号，邮编 100009
电　　话 (010)64027926 电子信箱 postmaster@cnmip.com.cn
责任编辑 章秀珍 张 卫 美术编辑 张媛媛 版式设计 张 青
责任校对 石 静 责任印制 李玉山
ISBN 978-7-5024-4404-4
北京兴华印刷厂印刷；冶金工业出版社发行；各地新华书店经销
2007 年 10 月第 1 版，2009 年 5 月第 2 次印刷
787mm×1092mm 1/16；7.75 印张；186 千字；111 页；4001-7000 册
25.00 元

冶金工业出版社发行部 电话:(010)64044283 传真:(010)64027893
冶金书店 地址:北京东四西大街 46 号(100711) 电话:(010)65289081
（本书如有印装质量问题，本社发行部负责退换）

编写委员会

主　　任　刘成江
副 主 任　王啟明　王德胜
编　　委　王忠秋　王啟明　王德胜　黄振军　阎瑞峰
徐能火　周润根　蔡国志　卜庆安　单昕光
叶松明　黄志文　李　军　林福森　庄立德
刘世俊　刘成江　崔振东　郑应国　王自立
方建新　谢述奎　于志超　李钢平　王革新
李清波　田胜利　梁永平　李勤良

主　　编　王德胜　龚　敏
编写人员　相桂生　卓卫娜　许　佳　苏　东　赵振华

序

安全生产是社会生产力水平和社会管理水平的综合反映，安全科技是构成安全生产的重要要素，是安全生产的有力支撑和根本保障，也代表了安全生产的发展水平，反映了安全生产工作的发展方向和内在要求。由12项治本之策所构成的安全生产政策措施体系，建立在对社会主义市场经济条件下和工业化加速发展阶段安全生产规律特点深入分析、准确把握的基础上，符合现阶段国情和安全生产领域的实际，是近年来安全生产工作方式方法、手段途径的概括和总结。其中，加快推动安全生产科技进步，推广应用实用、可靠的新技术、新工艺、新设备，淘汰落后生产能力，是12项治本之策中的重要内容。为了有效遏止金属非金属矿山各类事故的发生，国家安全生产监督管理总局选择了一些针对性强、实用性强，并且能够有效提高金属、非金属矿山本质安全程度的安全技术进行推广，在中小型矿山推广中深孔爆破开采技术就是其中的一项。

据统计，2006年全国非煤矿山共发生伤亡事故1869起、死亡2271人，其中中小型露天采石场发生的事故占全国非煤矿山事故总量的40%左右。这些事故的发生主要与露天爆破开采工艺有关，不正确的爆破方式直接引发了冲击波、飞散物、有毒气体的危害，甚至形成“一面坡”或“伞檐”，给后期的爆破、铲装等工作构成了严重的威胁，极易引发高处坠落、坍塌、山体滑坡等事故。近年来，浙江、江苏、山东、黑龙江等地在中小型露天采石场推广应用了中深孔爆破开采技术，露天矿山安全生产状况明显改善，开采能力大幅度增加，使用中深孔爆破开采的矿山几乎没有发生过因爆破作业引发的伤亡事故，矿山事故总量逐年下降，取得了明显的社会效益和经济效益。国家安全生产监督管理总局分别于2006年和2007年印发了《关于在金属非金属矿山推广相关实用安全生产技术的通知》（安监总管［2006］246号）和《国家安全监管总局关于在中小型露天矿山推广中深孔爆破开采技术的指导意见》（安监总管［2007］85号），将中小型露天采石场应用中深孔爆破开采技术作为重点推广技术，以促进小型露天采石场安全状况的根本好转。

为了做好这项工作，总局专门组织了中国工程爆破协会、北京科技大学等院所和企业的专家编写了《露天矿山台阶中深孔爆破开采技术》一书。该书图文并茂，重点突出；特别是从中深孔爆破设备选型、爆破器材的使用、具体的爆破工艺和爆破安全技术等方面做了详细的介绍；适合具有一定工程爆破基础知识的技术人员和安全监管人员学习，在中深孔爆破开采技术的推广工作中具有一定的指导作用。

各地区、矿山企业要以贯彻落实《国务院办公厅关于在重点行业和领域开展安全生产隐患排查治理专项行动的通知》（国办发明电〔2007〕16号）为契机，在开展中小型露天矿山企业隐患排查治理专项行动工作中，大力推广中深孔爆破开采技术，并发挥专业爆破队伍的作用，降低小型露天矿山事故总量，继续促进金属非金属矿山安全生产形势稳定好转。

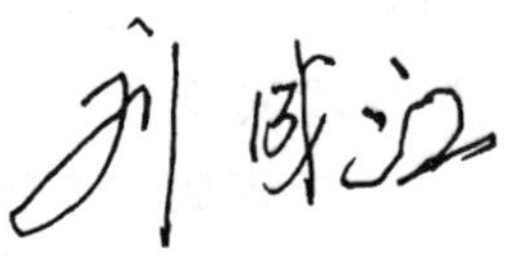

2007年8月1日

前　言

我国的露天采石业随着国民经济的发展而快速发展。截至2006年底，全国共有各类露天采石矿（场）十万余座（处），从业人员数百万。露天采石矿（场）整体安全状况较差，据2006年的统计，中小型露天矿占非煤矿山事故的40%左右。

事故频发的原因是多方面的，主要是小型露天矿（场）生产工艺技术落后。绝大多数采石场规模小，设备简陋，从业人员素质较差。广泛采用的爆破形式以浅孔爆破、药壶爆破为主，开采无序，生产秩序混乱，生产安全事故多；有些采石场邻近村庄，爆破飞石、爆破振动等有害效应扰民严重，爆破产生的飞石、噪声、冲击波及爆破振动引起的纠纷常成为当地社会的不安定因素。

就采石场的生产来看，主要包括采剥作业、边坡维护、凿岩爆破、运输几个方面。其中爆破作业是技术核心。各地因经济和技术水平差别，采石场的技术水平参差不齐，有些地方的某些采石场已经过渡成较为正规的台阶开采，但绝大多数的乡镇采石场，仍然采用浅眼药壶爆破，不分台阶的“一面墙”开采或采用“挖墙角”的抽底炮法开采，爆破效果和安全生产难以保证，常因爆破破岩不充分，岩石没有被破碎，甚至没有抛离高陡的边坡面，造成边坡坡面过于高陡，浮、松险石悬顶，严重威胁坡下作业的人员或设备，安全事故多发。另外，浅眼爆破本身产生的飞石远，噪声大，常砸坏附近居民的住房或农田。因此，加大对中小型露天矿山管理的力度，提高矿山安全监督管理者、矿山企业主要负责人以及安全生产管理人员的安全意识和安全管理技能，规范矿山开采秩序，改善矿山作业环境，已迫在眉睫。

根据浙江、江苏、山东、黑龙江等省推广中深孔爆破开采技术的显著效果，国家安全生产监督管理总局分别于2006年和2007年下发了《关于在金属非金属矿山推广相应安全生产技术的通知》和《国家安全监管总局关于在中小型露天矿推广中深孔爆破开采技术的指导意见》，将在全国中小型露天矿推广中深孔爆破技术。

为了配合这项工作，加强中小型露天矿山企业主要负责人、安全生产管理人员以及从业人员的技术培训，我们组织编写了《露天矿山台阶中深孔爆破开采技术》，系统地介绍了中深孔钻孔设备及施工技术、常用中深孔爆破器材及检测技术、露天中深孔爆破技术以及中深孔爆破的安全技术，集中体现了中深孔爆破的先进性和实用性，可作为中小型露天矿山企业主要负责人、技术人员、安全生产管理人员以及安全监管人员的培训教材。

《露天矿山台阶中深孔爆破开采技术》编委会

2007年8月1日

目　录

1 凿岩机具与施工技术

1.1 潜孔钻机及钻具

1.1.1 概述

潜孔钻机通常适于钻凿直径为 80 ~ 250mm 的炮孔，孔深一般不大于 30m。特殊需要时深可达 150m。

潜孔钻机的主要优点：(1) 冲击的凿入能量不经钻杆直接传递到钻头，能量损失小。(2) 冲击器工作中以强吹高压气体方式，排出孔底的凿碎岩渣，其效果显著，有利于提高钻孔速度。(3) 由于冲击器置于孔底，方向定位好，一般不会出现斜孔或弯孔现象。(4) 潜孔钻机可以钻凿节理裂隙发育、破碎地层、土层和第四纪冲积层。(5) 潜孔钻机可以钻凿倾斜炮孔。

1.1.2 潜孔钻机分类

(1) 按作业地点进行分类：用于地下岩土工程和采矿工程的潜孔钻机，多数是柱架式，没有行走装置。

露天潜孔钻机是一种露天使用的潜孔钻机，钻凿大中直径炮孔，多数钻机带有行走机构。

(2) 按凿岩孔径进行分类：小孔径潜孔钻机，钻凿孔径一般在 ϕ80 ~ 114mm 范围内。中孔径潜孔钻机，钻凿的炮孔直径变动在 ϕ127 ~ 146mm 范围内，这类钻机基本上用于露天工程作业。大直径潜孔钻机，钻凿的炮孔直径，通常大于 153mm 以上，其中最大直径达 883mm。

(3) 按工作风压进行分类：普通型潜孔钻机，工作风压小于 0.7MPa。当使用的工作压力大于 1.0 MPa 时，这种钻机称为高风压型钻机。

1.1.3 潜孔钻机的机械结构

1.1.3.1 回转供风机构

它的作用是：由送风腔管输入的高压空气，经送风管、风接头和钻杆中心孔，输入到冲击器，直接作为冲击凿岩的动力；同时一部分压气直接传至孔底，吹出冲凿下来的岩粉，完成钻孔排渣任务。

它的组成是：一块可以在钻架的滑道上滑动的滑板，这块滑板两端，分别依靠固定在滑板上的平衡接头，与钻机的提升链条连接在一起，以保证滑板连同上面固定的构件随链条升降。

滑板上面固定有回转电机及连接在一起的减速箱。回转减速箱输出一个空心主轴，这个主轴与固定在同一块滑板上的风接头有配合和传动关系。通过送风管将压风输送到风接头内部的环形空间。回转减速箱输出的空心主轴、风接头内部环形空间和潜孔钻机的钻杆接头，三者之间通过机械装置，可以确保空心主轴输出的扭矩传递给钻杆，同时可以通过风接头内腔的环形空间，将压风输入钻杆的中心孔内，为冲击器提供工作动力。

1.1.3.2　提升推进机构

在钻凿炮孔过程中，要求钻具连续向下推进，保证钻孔作业不间断。当钻凿完一个炮孔或接卸钻杆、更换与检查钻头时，又需要经常提升钻具及回转机构。这些工作都由提升推进机构来完成。另外，在钻凿炮孔时，钻具施于孔底的压力大小对钻孔效率及钻头寿命有直接影响。当施加到孔底钻头的压力过大时，为减掉多余的压力，可由提升系统的减压缸完成。其减压缸与提升机构装在一起，共同完成提升、推进和减压工作。

ϕ200mm 型潜孔钻机因钻具和回转供风机构总质量大于合理的孔底钻头轴压力，必须实施减压操作。提升推进原理如图 1-1 所示。

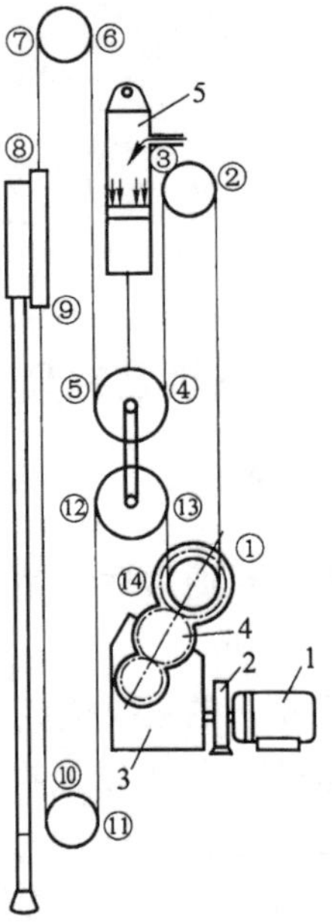

图 1-1　提升推进原理图

1—提升电机；2—闸；3—涡轮减速箱；4—开式齿轮；5—减压缸

1.1.3.3　接卸杆机构工作原理

接卸钻杆时，使回转电机反转，将主钻杆卸下，启动提升电机，将风接头提升至高于副钻杆上端位置，这时启动接卸杆机构，将副钻杆平行转动一个角度后，进入到送入位置，这时令回转供风机构正转并缓慢下降，把副钻杆拧入风接头内，将接卸杆机构退出。然后将回转供风机构带动副钻杆正转，并缓慢下降，将主、副钻杆间的螺纹连接好。

卸钻杆时，与上述动作相反，即可完成卸钻杆、卸冲击器和卸钻头的动作。

1.1.3.4　钻架起落机构

在钻凿倾斜炮孔时，要调整钻架的倾斜角度；当钻机远距离运行或检修时，应使钻架平放在机架上。钻架起落范围 0°～90°。

钻架起落机构主要由制动装置轮、齿条及鞍形轴承等组成。

1.1.3.5　行走机构

钻机的移动是由行走机构实现的。对行走机构的要求是结构紧凑，转变灵活迅速，行走平稳，操作方便。

行走机构多数以电力为驱动力，主要由行走电动机、行走减速箱、链轮组、驱动轮、张紧轮、履带板、托轮和支承轮等组成。

国内外露天潜孔钻机技术特征，可查阅厂家产品目录。

1.1.4　潜孔钻具

潜孔钻具包括潜孔钻机配套用的冲击器、钻头、钻杆等。

1.1.4.1　潜孔冲击器

A　潜孔冲击器分类

按配气方式，冲击器可分为有阀冲击器与无阀冲击器。其中有阀冲击器又分为自由阀和控制阀两种。现在国内冲击器主要有三种型号：

(1) C 型：其特点是自由阀配气，侧排气，单次冲击功小，冲击频率较高，工作风压为0.4～0.7MPa。

(2) J 型：自由板阀配气，中心排气，单次冲击功大，冲击频率较低，使用寿命高，运用于0.4～0.7MPa 工作压力。

(3) W 型：无阀配气，中心排气，单次冲击功大，结构简单，工作可靠，整体使用寿命长。

B　潜孔冲击器的技术规格

现在国内使用的潜孔冲击器型号与规格主要有：J-80B、J-100B、J-150B、J-170B、QCZ-80、QCZ-150、QCZ-170、QCZ-250、W-150 和 W-200 等型号，其技术数据可查阅有关资料。

1.1.4.2　潜孔钻头

潜孔钻头有刃片和柱齿两类，刃片钻头由于焊接质量不易保证，硬质合金片常有破碎或脱落，使用寿命低，因此目前普遍采用柱齿型潜孔钻头，可参见表 1-1 选取。

表 1-1　国内潜孔钻机技术性能一览表

型　号	钻孔参数		工作气压/MPa	推进力/kN	耗气量/L·s^{-1}	驱动方式	生产厂家
	直径/mm	深度/m					
KQY90	80～130	20	0.5～0.7	45	116	气动—液压	浙江开山股份有限公司
KSZ100	80～130	20	0.5～0.7		200	全气动	
KQD100	80～130	20	0.5～0.7		116	电　动	
HQJ100	83～100	20	0.5～0.7	45	100～116	气动—液压	衢州红五环公司
KQN90	95	20	0.5～0.7		150	柴油—液压	宣化采掘机械厂
KQL100B	95	30	0.5～0.7	65	200	气　动	
TLQ/G-100A	95	15	0.5～1.2		200	柴油—液压	
QZJ-100B	100	60	0.5～0.7		200	气　动	
KQG-100	115	40	0.5～1.2	10	200	电　动	
KQG-150	165	17.5	1.05～2.5	12.3	433	电　动	
KQS-150	170	25	0.5～0.7	22	333	电　动	

续表 1-1

型　号	钻孔参数		工作气压 /MPa	推进力/kN	耗气量 /L·s^{-1}	驱动方式	生产厂家
	直径/mm	深度/m					
KQG165	165	60	1.76		270	电动—液压	宣化采掘机械厂
KQ250	250	16	10	30	500	电动—液压	
CLQ15	105~115	20	0.63	10	240		天水风动机械有限公司
KQLG115	90~115	20	0.63~1.2	12	333	气动—液压	
KQLG165	155~165	水平 70	0.63~2.0	31	580	气动—液压	
TC101	105~115	20	0.63	13	260	气动—液压	
TC102	105~115	20	0.63~2.0	13	280	气动—液压	
KQL120	90~115	20	0.63		270	气动—液压	沈阳凿岩机股份公司
KQG120	90~120	20	1.0~1.6		300		
KQL150	150~175	17.5	0.63		290		
CTQ500	90~100	20	0.63		150		
HCR-C180	65~90	20	0.63	0.5	150	柴油—液压	沈凿-古河
HCR-C300	75~125	20		32		柴油—液压	
CLQ80A	80~120	30	0.63~0.7	10	280	气动—液压	宣化英格索兰公司
CM-220	105~115		0.7~1.2	10	330	气动—液压	
CM-351	165		1.05~2.46	13.6	350	气动—液压	
CM120	80~130		0.63	10	280	气动—液压	

1.1.5　潜孔钻机的钻孔施工技术

1.1.5.1　钻孔误差

如果对钻孔误差不能进行有效控制，必将影响爆破效果，靠近边坡爆破时甚至会影响边坡的稳定。

A　钻孔误差的类型

钻孔误差包括开孔误差、对中误差和轨迹误差三类。开孔误差是指对位误差，属初始误差，不随孔深变化而变化；对中误差是指钻进过程中钻杆轴向误差，它与孔深成正比，这项误差是由于钻杆轴压过高，引起钻杆变形，钻头晃动而导致的钻进方向出现偏差；轨迹误差是指导向性误差，它是因岩石导向性引起的，随孔深的增加而增大，是钻孔误差中最为重要的一项误差。另外轨迹误差还与孔径、钻具转速、轴压、钻进速度和钻机稳定性有关。

B　影响钻孔误差的因素

当钻凿裂缝、岩洞或岩层软硬不均岩体时，钻孔易出现方向漂移，产生偏帮溜眼现象。地质条件更为恶劣时，还会出现卡钻，导致成孔困难，塌孔或炸药装不到底，将严重影响爆破效果，影响挖装，甚至造成光面和预裂爆破失败。

钻孔技术水平是影响钻孔误差的关键因素，首先钻孔必须按桩对位，方向正确。其次是成排孔处于同一平面内，上下平行，前后没有漂移。

1.1.5.2 钻孔误差的预防

A 钻机平台的修建

钻机平台是钻机作业的场地，平台修建是预防钻孔误差的重要环节。

（1）钻机平台修建原则。1）根据钻机类型确定平台大小，保证钻机在平台上按设计的钻孔方向钻孔；2）钻机平台必须易于与施工便道连接，保证钻机道路通畅。

（2）平台宽度。自行式钻机不得小于6~8m，保证一次布孔排数不少于两排。对于三角架型钻机，一般不小于2.0m。

（3）平台质量要求平台要平整。在困难条件下其坡度不得大于5°，不允许有突出石块。

B 钻机架设

钻机架设三要点为：对位准、方向正、角度精。

（1）为了保证钻孔在一平面上或同一直线上对位开孔，光面爆破和预裂爆破一般用钢管在钻机平台上铺设钻机移动导轨。钢管一般铺设在边坡线外30 cm处，钢管连接要牢固垫实，根据设计孔距，用红油漆在钢管上标明孔位，以保证钻孔对位的准确。

（2）钻孔方向要正，就是要使孔垂直于边坡线，并保证相邻炮孔在同一边坡面上相互平行。

为了防止钻机产生扭曲现象，还应注意到：由于边坡高低不平，为了保证机身不倾斜，在架前支点顶部焊接长20cm的角钢或半圆钢管，使其卡在钢管导轨上，并将其加垫块垫平，确保方向不倾斜扭曲。

（3）为了保证钻孔精度，一般做法是在钻机架上吊一垂球，来调整钻孔设计角度。

1.1.5.3 潜孔钻机的钻孔技术

A 钻孔对位

按照设计的孔网参数布孔，用红油漆或竹桩标明桩位，并标明钻孔方向，倾斜角度和孔深。

对位顺序，必须按“先难后易、先边后中、先前后后”的原则钻孔，避免钻机移动时压坏已钻好的炮孔。

B 钻孔作业

凿岩基本操作方法：“软岩慢打，硬岩快打”；在操作过程中做到“一听、二看、三检查”。

一听：听钻孔声音判断孔内情况；二看：看风压表、电流表是否正常；三检查：检查机械、检查风电、检查孔内故障。

（1）钻孔开孔。1）开孔深度一般不得小于0.5m；2）开孔一般要求孔口要正，要规整；3）开孔操作方法为钻头离地进风，吹净浮碴，按“小风压顶着打，不见硬底不加压”的要领施钻。

（2）松软土层开孔。不送风不转钻，直接将冲击器压入土层后（或到硬土面），提钻送小风并旋转钻具继续钻孔。提升钻具时在钻具出孔前停风转，以防破坏孔口。

(3) 硬土开孔。送小风钻孔，钻头入孔0.3m，旋转钻具继续钻孔，冲击器全部入孔后，送半风钻孔。

(4) 不得使用全风全压。防止岩层软硬不均造成溜眼或偏帮，钻孔时应小风压不加压力顶着打，慢慢钻进，冲击器全部入孔后，提钻用黄泥糊孔。其要点是：将黄泥加水搅拌适中，放入孔内，旋转钻具下钻，用钻具一压一转将黄泥挤入石缝里，然后上下串动钻具，使孔口规整牢固，再小风量吹去稀泥，保证孔壁光滑。

(5) 完整岩面开孔。放下钻具，送风吹净岩面上浮碴，不旋转钻具，给小风不加压力冲击岩面，打出眼痕（眼窝）后，提钻具旋转下钻开孔，钻头进孔一半后逐渐加大风量，钻头全部入孔后全风全压继续钻孔。

(6) 软土层钻孔，小风旋转钻孔，每钻进0.5~0.75m后上下串动钻具2~3次，将土吹出孔外，防止抱钻头，减小钻杆扭矩。干硬土层钻孔，每钻进0.5~0.75m提钻吹孔，直至岩层。黄黏土层钻孔时要做到：一次进尺少，勤排泥，勤疏通眼孔。干式凿岩可不断向孔内掺石粉或扔石块；湿式凿石要多加水，成孔后要上下串动钻具，全风吹出孔内岩浆，且吹净孔壁上的黄泥，保证孔壁光滑，以便于装药。

(7) 土岩衔接面处钻孔。提起钻具0.5m，用风吹净岩层面上泥土，按石层开孔方法钻孔，钻头入岩层0.3m时，提钻停风上下串动钻具，把岩面上的岩渣挤入土中，然后全风全压钻孔。

(8) 在软岩中钻孔的操作要领是：送全风，加半压，慢打钻，排净渣，进尺1.0m提钻吹孔一次，防止孔底积渣卡钻。

(9) 在破碎岩层中的摊作要领是：进尺少，风量少，压力轻，防止溜眼偏孔，每钻进0.75~1.0m，填黄泥加水糊孔。

(10) 在硬岩中钻孔要做到：使用锐刃钻头，低转速，全风全压钻进，钻头合金刀片磨损不得超过3mm，转速为40~60r/min。

C 钻孔施工故障判断和排除

钻孔故障包括孔内故障和机械故障。一般判断方法：听冲击岩石声音判断孔内情况，看电压表、电流表的变化和钻孔排渣情况，判断故障原因。

a 风压高低不稳定

钻孔中风压突然降低，提起钻具，关闭送风阀门。风压仍然低于正常钻孔压力，这是供风系统风管路毛病。需停止钻孔，提出钻具，检查风管路和空气压缩机站并进行检修。

提起钻具，关闭送风阀门，压力增高到空气压缩机额定压力，这是钻具或孔内故障。应检查钻具是否断裂。接头密封处是否漏气，若钻具有问题，即应重新安装或更换配件。若钻具一切完好，放下钻具继续钻孔，风压仍低于正常孔风压. 应观察钻孔排渣情况，排渣不好遇到石缝或溶洞，按打裂缝岩层方法继续钻孔。

钻孔中压力表指针达到空气压缩机额定压力。其产生原因有接头处堵塞；冲击器阀柜堵塞。

b 电流表跳动

电流表跳动而冲击正常，排渣好，系合金刀片破碎，处理办法为更换钻头。电流表上下摆动，进尺加快，跳动几次后电流表恢复正常，是岩石换层或钻到石缝。

当电流表跳动时，必须立即判明原因，注意卡钻，必要时停止钻孔作业，提升钻具，再重新钻孔。

c 冲击器响声忽高忽低

冲击器声尖脆，进尺慢，排渣少，是钻头钎尾折断钻孔，需将钻具安装新钻头，在原孔旁边重新钻孔。钻头空打，不排渣，无进尺，不旋转，电流加大，产生原因及排除方法如下：掉石块卡住冲击器，上下串动钻具使石块掉入孔底。若卡死则按卡钻办法处理；冲击器销键或销键弹簧折断，销键退出与孔壁摩擦。注意卡钻，点动反转、正转，慢提钻具至孔外。更换新销键或弹簧再钻孔；钻头响声低沉或不响，进尺快，排渣多时，系进入软岩层，应减少下压力量，慢速钻孔，吹净岩渣，防止孔底岩碴卡钻；若不响，进尺慢，无岩碴时，则系进入夹土层，应按钻土层方法钻孔。

d 卡钻的处理

孔口或孔壁掉石块，岩渣未排净抱住冲击器，合金刀片破碎，折断钎尾，销键或销键弹簧断使销键退出，新钻头规格大，钻头钻进岩缝，溜眼偏帮等产生卡钻。

石块卡住冲击器后，不要提钻，应向下钻，同时点动反转和正转，上下串动钻具，把石块挤碎，使碎块掉入孔底。

岩渣抱钻卡钻，当湿式凿岩时，多加水，用风将水从孔底向上冲洗，形成一定空隙，旋转钻具慢慢向上提起钻具。干式凿岩时，先下压使钎尾封闭冲击器，送全风吹孔排除岩粉，反转、正转，当点动钻具有旋转余地时，立即边送风边提升钻具。

石缝卡钻处理方法：不要旋转钻具，将钻具向上提紧，点动反转、正转来回活动即可。

销键卡钻处理比较困难，要边旋转边提升，把键挤进冲击器内提出孔外，换新键卡、换弹簧销后，再继续钻孔。

处理换钻头卡钻更困难，故在换钻头时必须严格检查钻头尺寸。处理方法：边转动，边磨损，慢慢上提。

钎尾折断后，冲击器锥体将断头打大，钻杆转动，下部钻头不转动而卡钻。处理方法：向上紧提，点动反转、正转来回活动。

e 冲击器不冲击的处理

冲击器不冲击产生原因：钻至土层或软岩层不冲击；阀片或阀柜破碎不冲击；冬天气温低油凝固，冲击器活塞上下不活动；活塞太大或磨损太小。

钻孔时冲击器突然不冲击，又不是土层，间断有冲击响声，提钻停风时能听到活塞下落声音。提出钻具卸掉钻头，用棍将活塞推到顶部，突然下放听到破碎声音则为阀片或阀柜破碎。拆开冲击器更换阀柜。冬天油液凝固，在刚开钻时，活塞上下不动，可用火加温使油溶化，也可倒入清洗油洗净冲击器。在更换新活塞时，不要将活塞硬打进冲击器内；长期使用的活塞磨损超限，封闭不了气孔，应更换新活塞。

1.2 牙轮钻机及钻具

1.2.1 概述

牙轮钻机以其独具特色的碾压破碎机理，以及钻凿速度与轴压之间具有的令人鼓舞的指数关系，自问世以来，便得到研究单位、制造商家和用户的青睐。牙轮钻机有以下主要优点：

（1）钻孔速度快，生产效率高。钻孔速度与钻具压力成比例增长，而增加钻具轴压并非困难，因此牙轮钻机的钻孔速度获得相当大的提高，比撞击式钻机高5倍多，比潜孔钻机高2倍。

（2）钻孔直径大，钻凿的炮孔深。它可钻凿孔径达250～455mm范围内的大型炮孔；其孔深通常为17～50m。这样可形成大爆区，配套大型装载设备，将成为高效大型采掘工程主要配套设备。

（3）适应范围广泛，应用前景好。牙轮钻机可以钻凿从软岩到硬岩各类岩石。在井下和露天都有专门型号的系列化产品。

（4）噪声低，对环境污染少，自动化程度高，作业条件好。

1.2.2　牙轮钻机的类型、结构和工作原理

1.2.2.1　牙轮钻机分类

按工作地点进行分类：

（1）井下牙轮钻机。由于受到作业空间的限制，其钻孔规格不能太大，其直径变动在118～170mm之间。因为孔径加大，要求轴压增高，使设备笨重，搬运困难；同时受牙轮钻轴承尺寸的限制，小于200mm直径的牙轮钻头寿命低。

（2）露天牙轮钻机。主要用于露天作业，根据高轴压的性能要求，增加设备自重，有利于提高钻速和增加稳定性。按其孔径大小，又可分为轻型牙轮钻机、中型牙轮钻机、重型牙轮钻机。

1.2.2.2　牙轮钻机结构类型

牙轮钻机核心结构是回转机构和加压机构。根据回转和加压的方式不同，可分为三种类型：

（1）底部回转间断加压。这种钻机有一个液压卡盘，通过油压将钻杆卡住，二者一起回转并向下运动，实现钻进动作。这种类型钻机的缺点是间断加压及提高轴压力受限制。

（2）底部回转连续加压。钻机的回转和加压机构安设在钻架底部，并由链传动装置或钢绳液压系统实现连续加压。该类型钻机的特点是钻架不承受扭矩作用，但钻杆需要加工成六方形或花键齿形。

（3）顶部回转连续加压。这种钻机的特点是：在钻杆的上部安装一个能沿钻架上下滑动的回转加压小车，以实现钻具的回转和连续加压。这种类型钻机又称为滑架式牙轮钻机。当前国内外大型露天岩土工程和大型矿山，大多采用此类型钻机。

牙轮钻机典型的总体结构如图1-2所示。牙轮钻机通常具备回转（供风）机构、加压提升机构和钻架。其次还有供压风工作站、供电系统、变速装置，这些部分组成了机械室。此外，还有钻机行走机构、配套的钻具和除尘系统。

顶部回转连续加压方式，其回转机构的构造和功能与潜孔钻机的回转供风接头相似，其作用之一是将扭矩传递给钻杆，使钻具在钻凿岩石时承受扭矩作用；另一个作用是通过

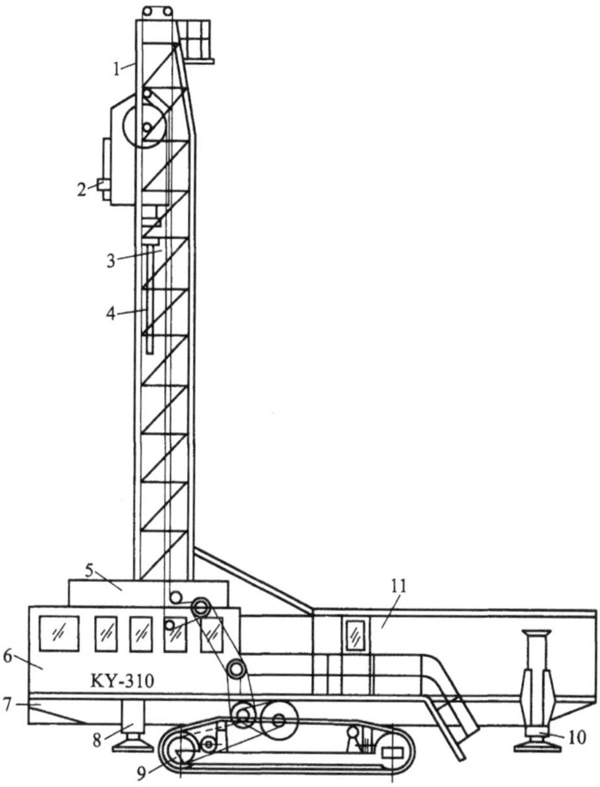

图 1-2 牙轮钻机的总体结构
1—钻架装置；2—回转机构；3—加压升降系统；4—钻具；5—空气增加净化装置；
6—司机室；7—平台；8、10—千斤顶；9—履带行走机构；11—机械室

其内部机械构造，可以将供给孔底吹碴排粉的压气传入钻杆的中心孔。其加压提升系统可以确保工作状态，使牙轮钻头承受着高强度的压力，并且实时确保钻具升降。

1.2.3 牙轮钻机的选型及使用维护

1.2.3.1 牙轮钻机及钻具选型

各类牙轮钻机，因其结构和技术特征，均有各自不同的应用范围；各种不同类型的牙轮钻机，配套钻具也将有很大差异及变化。

A 各类牙轮机的应用范围

在选择牙轮钻机和类型时，应考虑下面四个因素：

（1）首先应根据牙轮钻机作业场地，详细了解钻孔的空间及地理环境；

（2）应结合爆破工程设计的爆破参数，孔向、孔径和孔深；

（3）应注意钻凿岩石的岩性，坚硬程度、磨蚀性；

（4）爆破工程对钻凿炮孔效率的要求。

根据国内外各类牙轮钻机的结构及技术特征，表 1-2 列出了各类牙轮机的应用范围。

表 1-2　各类牙轮钻机的应用范围

项目＼型号	KY-120	KY-150	YK-250A	KY-310	45R	60RIV
工作高度/m	3.0	3.2				
最大孔径/mm	118	150～170	220～250	250～310	171～279	311～381
最大深度/m	50	20	17	17.5	50.3	45.7
炮孔方向/（°）	60～90	90	90	90	60～90	60～90
矿岩硬度（f）	8～12	<12	6～20	6～20	6～20	6～20

矿山及岩土工程的管理与设计者，应参照表中列出的技术特征，进行正确选型。

B　钻具的选择

牙轮钻机的钻具主要由牙轮钻头，钻杆和稳杆器三部分组成。

（1）牙轮钻头。按牙轮的数目分，有单牙轮、双牙轮、三牙轮和多牙轮钻头。

单牙轮及双牙轮钻头多用于炮孔直径为 150mm 以下的软岩钻进。多牙轮钻头用于炮孔直径 300mm 以上岩心钻进。使用最多的是三牙轮钻头。

1）牙轮钻头系列及其适用岩石。压气排渣风冷式牙轮钻头，使用压气排除岩渣，其形式可分为钢齿和硬质合金齿两种。钢齿牙轮钻头，齿形为楔形，主要用于软岩。硬质合金齿钻头，其牙形有球形、楔形和锥球形。软岩用楔形齿，中硬岩用锥形或锥球形齿。硬岩用球形齿。

2）压气式牙轮钻头系列。根据岩石物理力学性质，钻凿炮孔的应用行业，国内外各种结构的牙轮钻头及牙齿形状，已经成为定型专用产品，有固定专业厂家生产，其系列及应用中的匹配关系，可查阅有关产品手册。

（2）钻杆。牙轮钻的钻杆，其作用是承受钻压和承受扭矩。它是一个组合体，由无缝钢管和带有螺纹的上、下接头焊接而成。牙轮钻机通常备有主、副两根钻杆，其结构完全相同。

（3）稳杆器。它的作用是防止牙轮钻进时钻杆及钻头摆动，造成炮孔歪斜，防止牙轮钻机部件过早损坏，减少故障。稳压器有两种形式：幅条式或滚轮式，具体规格见表 1-3。

表 1-3　稳杆器技术规格

炮孔直径/mm	稳杆器长度/mm	稳杆器本体直径/mm	质量/kg
152	673	150	59
171	673	169	75
200	673	198	100
229	724	226	132
250	780	246	181
270	780	266	209
280	780	276	230
310	780	307	295
350	1040	347	454
380	1040	376	590

1.2.3.2 牙轮钻机钻孔故障及钻机机构调整

A 钻孔故障及其排除方法

在钻孔过程中，应努力防止发生钻孔事故。一旦发生故障，必须做正确判断，然后采取适当的处理措施。

（1）夹钻具。钻具被夹住在孔内，这是由于炮孔片帮、掉块、岩粉过多以及突然停止供气等原因造成的。排除故障；首先应判明发生事故的原因，然后再确定采用旋转夹钻或提升夹钻等措施。

钻具能在炮孔中转动，而不能提起的提升夹钻，一般是由于片帮、掉块引起的，此时不能强行提出钻具，不能停止供气，要上下缓慢串动，反复回转钻具，将卡钻的岩块研碎，即可提起钻具。

钻具在炮孔中不能转动，多半是由孔底岩粉过多造成的，这时应停止供气，采取边回转边提升的办法，缓慢串动钻具。采用上述方法，夹钻故障仍不能排除时，可在钻杆两侧焊两个扳手，用液压千斤顶将钻具提起。

（2）掉钻具。当钻具因其系统有断裂处，将钻具掉入孔内时，可采用打捞丝锥的办法捞取。

（3）片帮。出现孔壁片帮时，首先要减小轴压，降低钻速，然后再投入黏土护好孔眼。

B 钻机机构调整

为确保钻机能持久地正常运转，在钻机作业过程中，要不断地调整钻机机构。这种调整主要是指：加压——提升链条的调整、提升和辅助卷筒制动装置的调整、回转机构导向装置的调整、钻杆架的调整、主空压机皮带的张紧、履带的调整和行走机构的调整等。上述调整基本上通过机构上的调节螺栓进行，在调整中应保证其构件间规定的间隙。

2 常用爆破器材

2.1 常用工业炸药

通常按照使用场地的条件将工业炸药分为如下几类：

第一类，准许在一切地下和露天爆破中使用的炸药，包括有沼气和矿尘危险的矿山。

第二类，准许在地下和露天爆破工程中使用的炸药，但不包括有沼气和矿尘危险的矿山。

第三类，只准许在露天爆破工程中使用的炸药。

第一类是安全炸药，第二类和第三类是非安全炸药。第一类和第二类炸药每千克炸药爆炸时所产生的有毒气体不能超过安全规程所允许的量。同时，第一类炸药爆炸时还必须保证不会引起瓦斯矿尘爆炸。

也可以按工业炸药的主要化学成分将工业炸药分类如下：

（1）硝铵类炸药。以硝酸铵为其主要成分，加上适量的可燃剂、敏化剂及其附加剂的混合炸药均属此类。这是目前国内外工程爆破中用量最大，品种最多的一大类混合炸药。

（2）硝化甘油类炸药。以硝化甘油或硝化甘油与硝化乙二醇混合物为主要爆炸组分的混合炸药均属此类。

（3）芳香族硝基化合物类炸药。凡是苯及其同系物，如甲苯、二甲苯的硝基化合物以及苯胺、苯酚和萘的硝基化合物均属此类，如 TNT 等。

（4）液氧炸药。由液氧和多孔性可燃物混合而成，这类炸药在我国工程爆破中已不使用了。

以下介绍常用的工业炸药品种及主要技术性能。

2.1.1 铵梯炸药

2.1.1.1 铵梯炸药的主要原材料

铵梯炸药的主要原材料是硝酸铵（氧化剂）、梯恩梯（敏感剂）和木粉（可燃剂与松散剂）。

A 硝酸铵

它是一种具有爆炸性的成分，经强力起爆后，爆速可达 2000～2500m/s，爆力 165～230mL。若同适宜的还原剂相配合，制成零氧平衡或接近于零氧平衡的混合炸药，则因爆热和爆容都增大，爆速可提高到 3000～4000m/s，爆力增大到 300mL 左右。

硝酸铵为白色晶体，具有多种晶形，其晶形随温度不同而变化。晶形改变时颗粒体积随之而变。硝酸铵有较高的吸湿性和结块性，吸湿结块后，炸药的感度和爆炸性能下降，甚至完全不能爆炸。

硝铵熔点为169.6℃，温度为300℃时发生燃烧，高于400℃可转为爆炸。

硝酸铵起爆感度较低，一般不能直接用雷管或导爆索起爆。

为了使硝铵获得抗水能力，可加入适量的防潮剂，如石蜡、松香、沥青或凡士林等。硬酯酸锌（钙）等活性物质是另一类防潮剂。防潮剂的药膜均匀地包覆在硝酸铵颗粒表面，在一定时间内可有隔潮的作用。

B 梯恩梯

它本身就是一种单质猛炸药，具有良好的爆轰性能，爆力：铅柱扩大值为285～300mL，猛度：16～17mm（密度为1g/mL），爆速4700m/s（粉状梯恩梯，密度1g/mL）。它是军事爆破和爆破常用的炸药品种。梯恩梯是负氧平衡物质，同硝铵配合后可获得零氧平衡或接近零氧平衡的铵梯炸药，配制后的爆轰性能也得到改善。

C 木粉

它的作用是阻止硝酸铵结块和作为可燃剂，宜用干燥而较细的（20～40目）木粉作疏松剂。

2.1.1.2 铵梯炸药品种、性能与适用条件

铵梯炸药组成配比、品种与性能见表2-1和表2-2。

表2-1 岩石铵梯炸药的组成、性能与爆炸参数计算值

组成，性能与爆炸参数计算值		炸药名称					
		1号岩石硝铵炸药	2号岩石硝铵炸药	2号抗水岩石硝铵炸药	3号抗水岩石硝铵炸药	抗水岩石沥蜡炸药	4号抗水岩石硝铵炸药
组成/%	硝酸铵	82±1.5	85±1.5	84±1.5	86±1.5	90±1.5	81.2±1.5
	梯恩梯	14±1.0	11±1.0	11±1.0	7±1.0		18±1.0
	木　粉	4±0.5	4±0.5	4.2±0.5	6±0.5	8±0.5	
	沥　青			0.4±0.1	0.5±0.1	1±0.1	0.4±0.1
	石　蜡			0.4±0.1	0.5±0.1	1±0.1	0.4±0.1
性　能	水分/%	≤0.3	≤0.3	≤0.3	≤0.3	≤0.3	≤0.3
	密度/g·mL^{-1}	0.95～1.10	0.95～1.10	0.95～1.10	0.90～1.00	0.85～0.95	0.95～1.10
	猛度/mm	≥13	≥12	≥12	≥10	≥9	≥14
	爆力/mm	≥350	≥320	≥320	≥280	≥260	≥360
	殉爆（浸水前）	≥6	≥5	≥5	≥4	≥3	≥8
	殉爆（浸水后）			≥3	≥2	≥2	≥4
	爆速/m·s^{-1}		3600	3750		3182	
爆炸参数	氧平衡/%	0.52	3.38	0.37	0.71	0.74	0.43
	比热容/L·kg^{-1}	912	924	921	931	950	902
	爆热/kJ·kg^{-1}	4078	3688	3512	3877	3655	4216
	爆温/℃	2700	2514	2654	2560	2434	2788
	爆压/Pa		3306100	3587400		2453800	

表 2-2　露天铵梯炸药的组成、性能与爆炸参数计算值

组成，性能与爆炸参数计算值		炸药名称					
		1 号露天硝铵炸药	2 号露天硝铵炸药	3 号露天硝铵炸药	1 号抗水露天硝铵炸药	2 号抗水露天炸药	露天铵油炸药
组成/%	硝酸铵	82 ±2.0	86 ±2.0	88 ±2.0	84 ±2.0	86 ±2.0	89.5 ±2.0
	梯恩梯	10 ±1.0	5 ±1.0	3 ±0.5	10 ±1.0	5 ±1.0	8.5 ±1.0
	木　粉	8 ±1.0	9 ±1.0	9 ±1.0	5 ±1.0	8.2 ±1.0	
	沥　青				0.5 ±0.1	0.4 ±0.1	
	石　蜡				0.5 ±0.1	0.4 ±0.1	
	轻柴油						2 ±0.2
性　能	水分/%	≤0.5	≤0.5	≤0.5	≤0.5	≤0.5	≤0.5
	密度/g · mL^{-1}	0.85 ~ 1.10	0.85 ~ 1.10	0.85 ~ 1.10	0.85 ~ 1.10	0.85 ~ 1.10	0.80 ~ 0.90
	猛度/mm	0	≥8	0	≥11	≥8	≥8
	爆力/mm	≥11	≥250	≥5	≥300	≥250	≥240
	殉爆（浸水前）	≥300	≥3	≥230	≥4	≥3	≥2
	殉爆（浸水后）	≥4		≥2	≥2	≥2	
	爆速/m · s^{-1}	3600	3525	3455	3000	3525	3143
爆炸参数	氧平衡/%	-2.04	1.08	2.96	-0.61	-0.30	-0.67
	比热容/L · kg^{-1}	932	935	9.44	927	936	958
	爆热/kJ · kg^{-1}	3869	3740		3971	3852	3705
	爆温/℃	2578	2496	2474	2628	2545	2443
	爆压/Pa	3306100	3169800	3045100	3306100	3169300	2520000

铵梯炸药爆炸性能虽然不太好，但比较稳定，是目前我国工业炸药的主要品种之一。可用于露天及地下爆破，添加适量消焰剂以后，还可以用于地下煤矿爆破作业。

2.1.2　铵油炸药

2.1.2.1　铵油炸药的原材料

铵油炸药的原材料主要有硝酸铵、柴油和木粉。硝铵和木粉已在前面作了介绍，这里只叙述柴油。

柴油是热值很高的多种烃类混合物，其分子式通常以 $C_{16}H_{32}$ 和 $C_{13}H_{20}$ 为代表。它在铵油炸药中作为可燃剂，是负氧平衡物质，可与正氧平衡的硝铵配成接近零氧平衡的炸药。各种柴油具有不同的黏度，配制铵油炸药时以轻柴油为适宜，这样可使硝酸铵与柴油混合均匀而有利于爆炸反应。

2.1.2.2 铵油炸药的配比及性能

由于硝酸铵有结晶状和多孔粒状之分，其铵油炸药也相应有粉状铵油和多孔粒状铵油炸药之异。前者采用轮辗机热辗混加工工艺制备，后者一般采用冷混工艺制备。常用铵油炸药组分配比、性能及适用条件见表2-3。

表2-3 铵油炸药的组分配比、性能及适用条件

炸药名称	组分/%			水分/%	装药密度	爆炸性能					炸药保证期/d	炸药保证期内		使用条件
	硝酸铵	柴油	木粉			殉爆距离		猛度/mL	爆力/mL	爆速/m·s⁻¹		殉爆距离	水分/%	
						浸水前	浸水后							
1号油炸药粉状	92±1.5	4±1	4±0.5	<0.75	0.9~1.0	>5		≥12	>300	>3300	雨季7，一般15	>2	<0.5	露天或无瓦斯无矿尘爆炸危险中硬矿
2号油炸药粉状	92±1.5	1.8±0.5	6.2±1	<0.8	0.8~0.9			≥18钢管	>250	>3800钢管	15		<1.5	露天中硬以上矿岩和硐室大爆破工程
3号油炸药粒状	94.5±1.5	5.5±1.5		<0.8	0.9~1.0			≥18钢管	>250	>3800钢管	15		<1.5	露天大爆破工程

铵油炸药质量受到成分、配比、含水率、硝铵粒度和装药密度等因素影响。铵油炸药爆速和猛度随配比变化而变化，当粉状铵油成分配比是 铵油：柴油：木粉 = 92：4：4 时，爆速最高。另外，多孔粒状硝铵吸油率较高，配制的炸药松散性好，不易结块，便于现场直接配制和机械化装药，生产工艺简单，但由于受多孔粒状的品种限制，目前仍以生产使用粉状铵油为主，多孔粒状铵油炸药正在发展推广之中。

铵油炸药原料来源丰富，加工工艺简单、成本低、生产、运输、使用较安全，具有较好的爆炸性能，但炸药感度低，粉状品有吸湿结块性，故不能用于有水的工作面爆破。

2.1.3 乳化炸药

含水炸药包括浆状、水胶和乳化炸药，是当前工业炸药中品种最多，发展最为迅速的抗水工业炸药。目前，国内应用最为广泛的是乳化炸药。

乳化炸药是20世纪70年代末含水炸药的最新发展，其内部结构是油包水型，而浆状、水胶炸药是水包油型结构。

（1）乳化炸药的组分。乳化炸药由三种物相（液、固、气相）的四种基本成分组成，即氧化剂水溶液、燃料油、乳化剂和敏化剂。

（2）乳化炸药特点与性能。乳化炸药与其他炸药比较，具有密度可调范围宽、爆速高、起爆敏感度高、猛度较高、抗水性强等优点。表2-4 列出了部分国产乳化炸药组分与性能。

表 2-4　我国几种乳化炸药的组分与性能

系列或型号		EL 系列	CL 系列	SB 系列	BM 系列	RJ 系列	WR 系列	岩石型	煤矿许用型
组分/%	硝酸钠（铵）	65~75	63~80	67~80	51~36	58~85	78~80	65~86	65~80
	硝酸甲胺					8~10			
	水	8~12	5~11	8~13	9~6	8~15	10~13	8~13	8~13
	乳化剂	1~2	1~2	1~2	1.5~1.0	1~3	0.8~2	0.8~1	0.8~1.2
	油相材料	3~5	3~5	3.5~6	3.5~2.0	2~5	3~5	2	3~5
	铝　粉	2~4	2		2~1			4~6	1~5
	添加剂	2.1~2.2	10~15	6~9	1.5~1.0	0.5~2	5~6.5		5~10
	密度调整剂	0.3~0.5		1.5~3		0.2~1		1~3	消焰剂
	铵　油				15~40				
性能	爆速/$km \cdot s^{-1}$	4~5.0	4.5~5.5	4~4.5	3.1~3.5	4.5~5.4	4.7~5	3.9	3.9
	猛度/mm	16~19		15~18	塑料管	16~18	18~20	12~17	12~17
	殉爆距离/cm	8~12		7~12		>8	5~10	6~8	6~8
	临界直径/mm	12~16	40	12~16	40	13	12~18	20~25	20~25
	抗水性	极　好	极　好	极　好		极　好	极　好	极　好	极　好
	储存期/月	6	>8	>6	2~3	3	3	3~4	3~4

2.2　工业雷管

2.2.1　火雷管

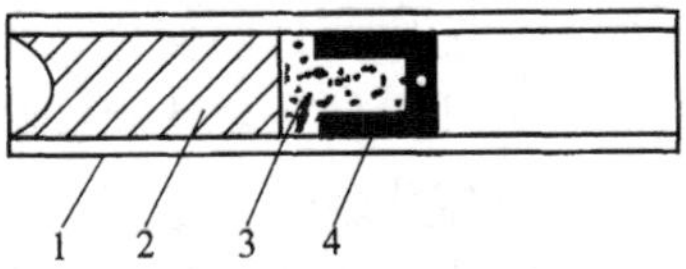

图 2-1　火雷管结构
1—管壳；2—加强药；3—起爆药；4—加强帽

在工业雷管中，火雷管是最简单的一种品种，但又是其他各种雷管的基本部分。火雷管的结构如图 2-1 所示，它由以下几部分组成。

2.2.1.1　管壳

火雷管的管壳通常用金属（铝或铜）、纸或硬塑料制成。呈圆管状，管壳必须具有一定强度，可保护起爆药爆炸时的侧向扩散和提高起爆能力，管壳一端开口，以供插入导火索；另一端密闭，做成圆锥或半球面形聚能穴，以提高该方向起爆能力。

2.2.1.2　起爆药和加强药

起爆药是火雷管组成的关键部分，在火焰作用下发生爆轰，具有良好的火焰感度。它的爆速能急速增大到稳定爆轰速度。加强药对火焰不很敏感。它需吸收起爆药的爆炸能才能起爆。但爆炸威力更大，故在制造雷管时二者配合使用。

工业雷管按装填药量多少分为十个等级。号数越大，起爆力越强。工程爆破中，常用 8 号、6 号雷管。

2.2.1.3 加强帽

加强帽是中心带有直径为1.9～2.1mm的小孔和金属罩。它的作用为：配合管壳封闭雷管内装药，减少起爆药的暴露面积和外界影响，防止起爆药受潮，保证起爆的可靠性，并可在雷管中形成密闭小室，有利于起爆药爆炸时压力增大，提高起爆能力。

火雷管用导火索引爆，方法简单灵活，主要用于炮眼较少的浅眼和裸露药包爆破，但禁止在有瓦斯或矿尘爆炸危险的矿中使用。

2.2.2 电雷管

电雷管可分为瞬发和延期电雷管，延期电雷管又可分为秒延期和毫秒延期电雷管。

2.2.2.1 瞬发电雷管

瞬发电雷管通电即刻爆炸，其结构如图2-2所示。

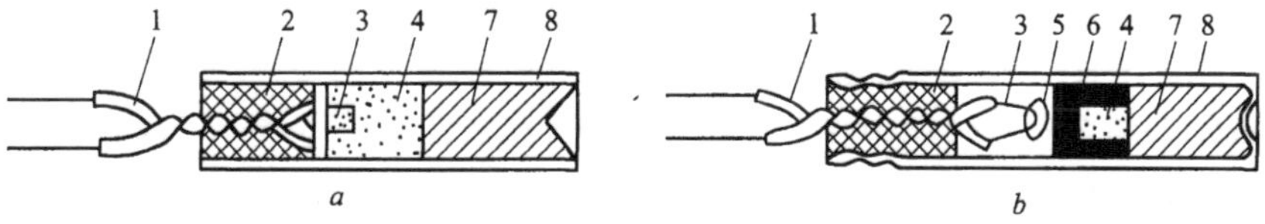

图2-2 瞬发电雷管

a—直插式；*b*—药头式

1—脚线；2—密封塞；3—桥丝；4—起爆药；5—引火头；6—加强帽；7—加强药；8—管壳

瞬发电雷管装药部分与火雷管相同，不同之处在于管壳内有电点火装置。按点火装置不同，又可分为药头式和直插式。

直插式特点是：起爆药DDNP是松装的，点火装置的桥丝直接插入在起爆药中，没有加强帽。这对雷管起爆能力不利，故往往将起爆药量增大。

药头式特点是：桥丝周围涂有引火药并制成圆珠状。桥丝在电流作用下发热引起点火头燃烧，火焰穿过中心孔引起起爆药爆炸。

2.2.2.2 秒延期电雷管

通以足够电流后经一段延期时间才爆炸的电雷管叫延期电雷管。延期时间为1/2s、1s或2s的电雷管叫秒延期电雷管。

它的结构与瞬发式相近，不同之处在于前者引火头与起爆药间装有精制导火索做的延期药。用导火索长度控制时间或令长度一定，调整黑火药组成配比及加工工艺，改变燃速达到不同延时。国产秒延期电雷管的延期时间见表2-5，秒延期电雷管如图2-3所示。

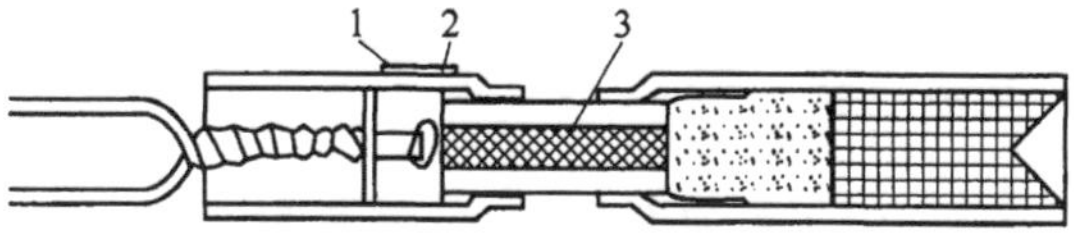

图2-3 秒延期电雷管

1—蜡纸；2—排气孔；3—精制导火索段

表 2-5　秒延期电雷管的段别及延期时间

段　别	延期时间/s	标志（脚线颜色）	段　别	延期时间/s	标志（脚线颜色）
1	≤0.1	灰　蓝	5	4.3±0.8	灰　黄
2	1.0±0.5	灰　白	6	5.6±0.9	黑　蓝
3	2.0±0.6	灰　红	7	7.0±1.0	黑　白
4	3.1±0.7	灰　绿			

利用秒延期可实现分段起爆，但它的延期时间过长，而且精确度太低。

2.2.2.3　毫秒延期电雷管

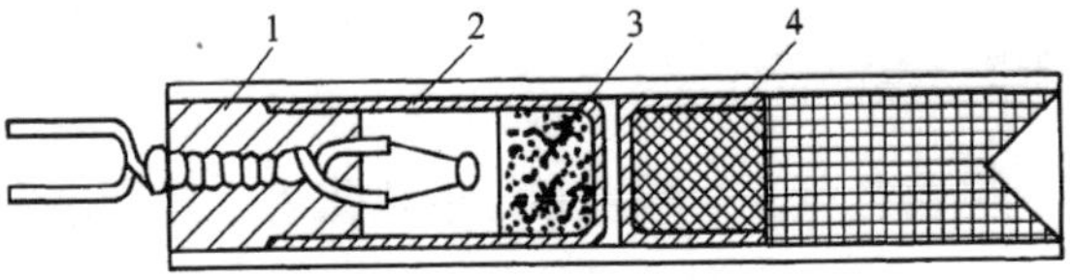

图 2-4　毫秒延期电雷管

1—塑料塞；2—延期内管；3—延期药；4—加强药

它通电后爆炸的延期时间以 ms 数量级计数，毫秒电雷管结构如图 2-4 所示。它的组成基本与秒延期电雷管相同，不同点在于延期装置。毫秒电雷管延期装置是延期药，采用硅铁（还原剂）和铅丹（氧化剂）的混合物，并加入适量硫化锑调节反应速度。

毫秒电雷管中还装有延期内管，作用是固定和保护延期药，并作为延期药反应时气体生成物的容纳室，以保证延期时间压力比较平稳。

目前，部分国产毫秒电雷管的段别及延时时间见表 2-6。

表 2-6　毫秒电雷管的段别及延期时间

段　别	延期时间/ms	标志（脚线颜色）	段　别	延期时间/ms	标　志
1	<13	灰　红	11	460±40	
2	25±10	灰　黄	12	550±40	
3	50±10	灰　蓝	13	650±40	
4	$75\pm^{10}_{15}$	灰　白	14	760±55	
5	110±15	绿　红	15	880±60	标牌区别
6	150±20	绿　黄	16	1020±70	
7	$200\pm^{20}_{15}$	绿　白	17	1200±90	
8	250±25	黑　红	18	1400±100	
9	310±30	黑　黄	19	1700±130	
10	380±35	黑　白	20	2000±150	

2.2.2.4　其他电雷管

普通电雷管遇到较大杂散电流就会有可能发生早爆事故。此外，雷电、射频电或静电也是引起电雷管起爆系统发生意外爆炸的根源，针对这种情况，国内外都有人研制了需用特殊能源起爆的特种电雷管，如超声波雷管、次声波雷管、高频感应电雷管。

此外还有抗杂毫秒电雷管。国内新研制的 BJ-1 型安全电雷管、无起爆药雷管。针对非电起爆系统的非电毫秒雷管。

2.2.3 塑料导爆管雷管

塑料导爆管是20 世纪 70 年代出现的一种全新的非电起爆器材，是塑料导爆管非电起爆系统的主体。

2.2.3.1 塑料导爆管结构及传爆原理

塑料导爆管是一种内壁涂有混合炸药粉末的塑料软管。管壁材料是高压聚乙烯，外径为(2.95 ±0.15)mm，内径为（1.40 ±0.10）mm，混合炸药是：91%的奥克托金和黑索金，9%的铝粉。装药量 14 ~16mg/m。

塑料导爆管需用击发元件来起爆。击发元件有：工业雷管、普通导爆管、击发枪、火帽、电引火头或专用激发笔。当击发元件作用于塑料导爆管，所激起的冲击波在管内传播，管内炸药发生化学反应，形成一种特殊的爆轰。爆轰反应释放出的热量及时不断地补充了沿导爆管传播的爆轰波，从而使爆轰波能以一个恒定的速度传播。由于导爆管内壁炸药量很少，形成的爆轰波能量不大，不能直接起爆工业炸药。而只能起爆火雷管或非电延期雷管，然后再由雷管起爆工业炸药。

2.2.3.2 导爆管性能

（1）起爆感度。火帽、工业雷管、导爆索、引火头等一切能够产生冲击波的起爆器材均可激发导爆管爆轰，一个 8 号雷管可激发 50 根以上导爆管。

（2）传爆速度。一般为(1950 ±50)m/s，也有(1580 ±30)m/s。

（3）传爆性能。一根数千米的导爆管，中间不要中继雷管接力，或管内断药小于15cm 可正常传爆。

（4）耐火性能。火焰不能激发导爆管。

（5）抗水性能。抗水性能良好，并能抗 30kV 以下的直流电。

（6）抗冲击性能。一般机械冲击不能激发导爆管。

2.2.3.3 导爆管的连接元件

在塑料导爆管组成的非电起爆系统中，需要一定数量的连接元件与之配套使用。目前连接元件可分为带传爆雷管和不带传爆雷管两类。

A 非电导爆四通

非电导爆四通的延期时间与极限误差见表 2-7。

表 2-7 非电导爆四通的延期时间与极限误差

项目	段别与延期时间/ms			
	0	1	2	3
名义时间	4	10	25	50
极限误差范围	2 ~8	8 ~12	15 ~30	40 ~60
标记号		1	2	3

它是一种带有起爆药并能进行毫秒延期的导爆器材，其结构如图 2-5 所示。非电导爆四通目前有四种品种，采用非电导爆四通组成导爆管网路，一根主爆导爆管可以传爆三根被爆导爆管，实现较精确的毫秒延期。

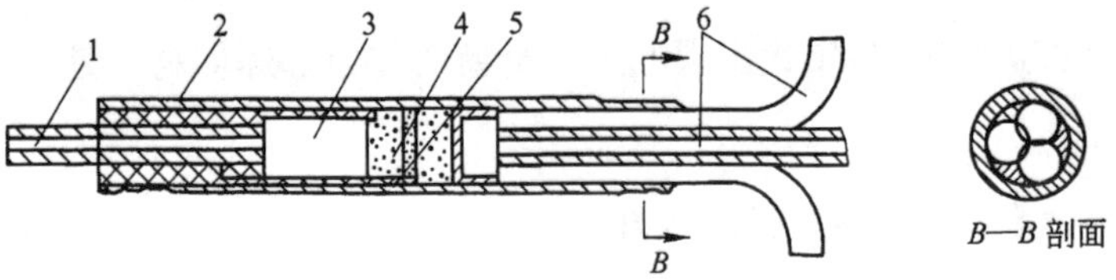

图 2-5 非电导爆四通结构示意图

1—主爆导爆管；2—外壳；3—大内管；4—延期药；5—导爆药；6—被爆导爆管

B 连接块

连接块是一种用于固定击发雷管（或传爆雷管）和被爆导爆管的连通元件。它通常用普通塑料制成，其结构如图 2-6 所示。不同的连接块，一次可传爆的导爆管数目不同。一般可一次传爆 8 ~20 根导爆管。

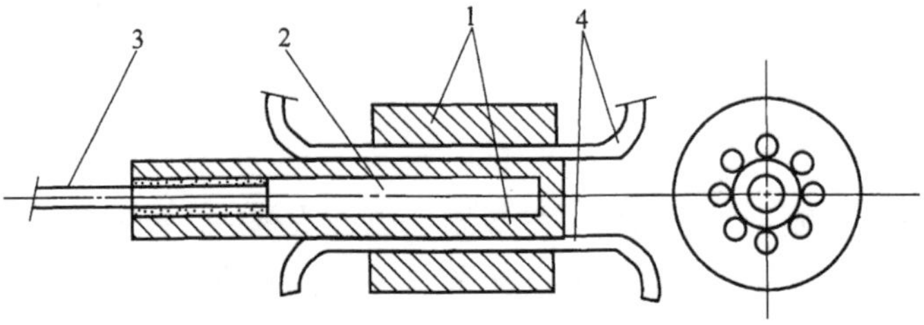

图 2-6 连接块及导爆管连通装配图

1—塑料连接块主体；2—传爆雷管；3—主爆导爆管；4—被爆导爆管

主爆导爆管先引爆传爆雷管，雷管爆炸冲击作用于被爆导爆管，使被爆导爆管激发而继续传爆。如传爆雷管为延期雷管，通过连接块组成的起爆系统，也可以实现毫秒微差爆破。

C 连通管

连通管是一种不带传爆雷管、直接把主爆、被爆导爆管连通导爆的装置。它采用高压聚乙烯压铸而成。结构有分岔式和集束式两类，如图 2-7、图 2-8 所示。

连通管不用传爆雷管就可以把主爆导爆管的爆轰波分流传递给几根被爆导爆管。主要是根据导爆管自身传爆特性：导爆管传爆时若有不大于 15cm 的断药时，仍能继续传爆，导爆管轴向起爆感度高，管中传播的爆轰冲击波沿其轴向方向强度最大。

采用连通管起爆网路时，最好正向起爆和传爆，不论采用分岔式或集束式，每个空孔都应插入导爆管。如遇空头也应堵死或多插一段空爆的导爆管，以减少主爆导爆管的能量损失，提高传爆可靠性。每根导爆管插入连通管深度最短不应小于 10mm，最长不大于 22mm。

连通管取消了传爆雷管，降低了成本，提高了安全性和传爆可靠性，但抗拉能力和防水性能较差。

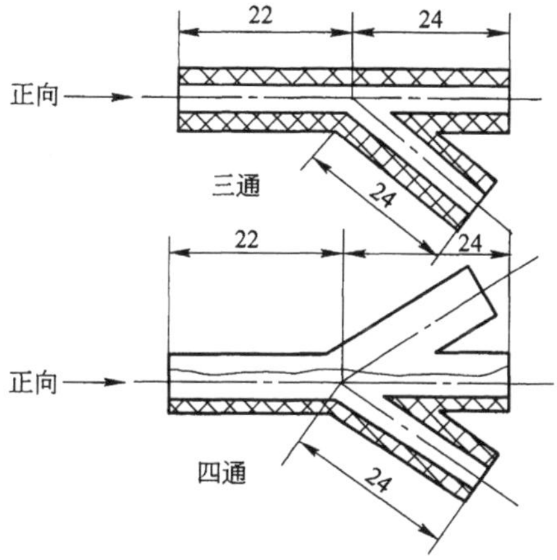

图 2-7 分岔式连通管

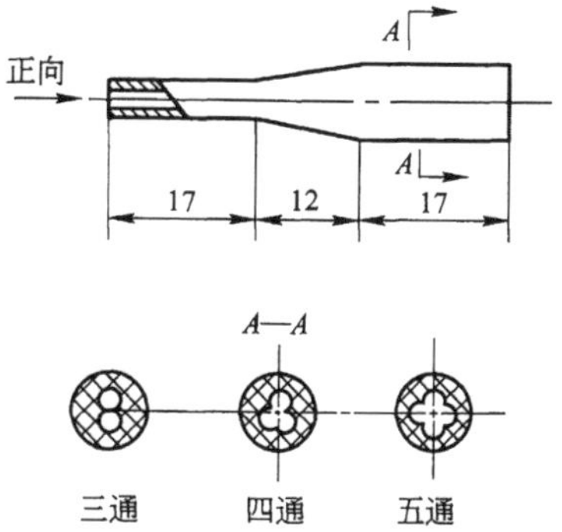

图 2-8 集束式连通管

2.3 爆破仪表与起爆药柱

2.3.1 爆破仪表

专用起爆器是引爆电雷管和激发笔的专用电源。目前我国生产起爆器的工厂较多，主要产品见表 2-8。

表 2-8 专用起爆器的性能与规格

型 号	起爆能力/发	输出峰值/V	最大电阻/Ω	充电时间/s	电流持续时间/ms	质量/kg	规格/mm × mm × mm	生产厂家
MFB-50/100	50/100	960	170	<6	3~6		135×92×75	抚顺煤炭研究所
MFB-200	200	1800	620	<6			165×105×102	
NFJ-100	100	900	320	<12	3~6	3	180×105×165	营口市无线电二厂
J20F-300-B	100/200	900	300	7~20	<6	1.25	148×82×115	
QLDF-1000-C	300/1000	500/600	400/800	15/40		5	230×140×190	
GNDF-4000	4000/2000	3600	600	10~30	50	11	385×195×360	
GM-2000	4000	2000		<80		8	360×165×184	湘西矿山电子仪器厂

应该指出，目前国产的起爆器均是借助电容器储存电能来完成起爆的。一般地说，电容器的电容量有限，通常只能用于串联电路和并联支路较少的网路的起爆，遇到复杂电爆网路时要认真阅读起爆器的说明书，严格按照要求选择联网的方式，以保证可靠起爆。

2.3.2 爆破电表

爆破电表系指根据电爆技术的特殊要求而专门设计制造的专用电表和杂散电流测量仪。按照爆破安全规程的要求，用于测量电雷管电阻和电爆网路的专用电表应满足下述条件：（1）输出电源必须小于 30mA；（2）外壳对地绝缘良好，不会将外来电引入爆破网路；（3）防潮性能好，不会因内部受潮漏电而引爆电雷管。国产爆破线路电桥和爆破欧姆表的规格与性能见表 2-9。

表 2-9　国产爆破线路电桥和爆破欧姆表的规格与性能

型　号	名　称	量程/Ω	工作电流/mA	生 产 厂 家
205	线路电桥	0.2～50/20～5000	<20	上海电工仪表厂/天水长城电子仪器厂
205-1	线路电桥	0.5～3、9/0～3000		
ZC23	欧姆表	0～3、9/0～1.1	<30	上海电工仪表厂
SCZ0-2	电爆元件测试仪	0～11/0～60/0～5	<10	
B-1	爆破电表	0～2、100～200		湘西矿山电子仪器厂

2.3.3　起爆药柱

2.3.3.1　露天型起爆药柱（起爆弹）

起爆药柱是用于起爆没有雷管感度的钝感工业炸药的药柱，它本身又用雷管或导爆索引爆。

A　ZJ 型中继起爆具

ZJ 型中继起爆具主要由泰安、梯恩梯、导爆索组成，为了使用安全并充分发挥起爆具的起爆性能，采用了嵌装型结构并加大装药密度。起爆具采用纸筒或其他材料制作，内装导爆索以便携带和使用。该起爆具本身可以用导爆索或电雷管起爆，也可用塑料导爆管非电起爆系统起爆。目前有 ZJ-0 型和 ZJ-1 型两种，建议在冬季或低温地区使用 ZJ-1 型中继起爆具。

在露天深孔爆破中，一般每个炮孔放置两个起爆具。底部起爆具位于炮孔装药长度的 1/5～1/4 处，上部起爆具位于装药长度上端的 1/4 处。若采用孔内导爆索起爆，则导爆索的孔内下端与中继起爆具的导爆索相连接，而孔口端与主干导爆索或电雷管相连接。

B　HT 型起爆药柱

HT 型起爆药柱采用 1∶1 的黑索金、梯恩梯铸装而成。目前生产的黑梯药柱有 460mm×65mm，重(300±10)g 以及 ϕ70mm×80mm，重(500±10)g 两种，均为圆柱状。装药密度均在 1.3g/cm^3 以上。药柱采用高压聚乙烯塑料筒做外壳，顶盖可装卸。HT 型起爆药柱采用分装式结构。起爆药柱在铸装时预留出深 30mm 的起爆雷管孔。只在爆破现场装药时才将起爆药柱盒盖拧下，组装雷管。每发药柱内均装两支雷管。

2.3.3.2　微型起爆药柱

微型起爆药柱是专门为地下矿山的小直径（ϕ25mm，ϕ32mm 等）炮孔爆破作业设计，一般只有 10g/只、5 g/只，甚至更小，通常是用高能塑性炸药制备的。这种微型起爆方式更有利于小直径炮孔内炸药能量的释放，获得良好的爆破效果。这一技术已在美国、加拿大等国的有关地下矿山获得应用，已引起我国起爆器材生产厂和使用矿山的注意。

2.4 爆破器材的检验与销毁

2.4.1 爆破器材的检验

2.4.1.1 工业炸药的检验

A 检验规则

按照国家标准的规定，炸药生产厂对于生产的产品须经质量检验部门进行检验，生产的产品应符合标准的要求，每批出厂的产品应附有产品质量检验合格证。尽管如此，由于工业炸药在生产、运输和贮存期间，常因运搬温度、湿度以及其他环境因素的影响，而发生物理和化学性质的变化。这种变化会导致炸药的变质，降低其性能，影响使用。因此使用者在购进炸药产品时或者在使用前应检验这些产品是否符合标准的要求。

B 检验试样的抽取

每批工业炸药不应超过20t。一般从每批产品中抽取4个包装件（小直径药卷产品为纸箱，散装产品为1大包），再从每个包装件中分别抽取一个中包（散装品至少1kg），按试验需要量再从每个中包内分别抽取药卷。所采取的试样应注明购进日期、生产工厂、产品名称以及批号、制造日期、取样日期和采样者姓名。

C 检验项目

检验项目包括外观检验、爆炸性能检验和物理化学安定性检验。

（1）外观检验。国家标准规定，所购进产品的每个包装件表面应有清晰、正确的标志（内容包括：制造厂名、炸药名称、规格、批号、制造日期、净重、毛重、体积以及爆炸物品标志等），包装件应保持完好无破损。使用者首先应对购进的产品进行外观检查，检查其包装有无破损，封缄是否完整和是否有无浸湿性痕迹等。同时取出部分药卷内的产品进行检验。对于粉状炸药应能用手指捻开，不呈硬块，对于乳化炸药应呈胶态，不破乳、不析晶硬化；对于胶质炸药应不渗油、不冻结。

（2）爆炸性能的检验。炸药爆炸性能检验应包括爆力、猛度、爆速和殉爆距离，其检验方法在炸药的爆炸性能中做了叙述。

（3）物理化学安定性的检验。具体方法有烘箱干燥法和水分测定器法。可以进行炸药的化学安定性检验和渗油检验，不一一叙述。

2.4.1.2 起爆器材的检验

工业雷管的检验。雷管出厂以前均须按统一规定的技术标准进行全面检验，包括各项技术参数的测定。但对用户来说，主要是从使用角度上进行检验。

（1）外观检查。包括管壳是否有裂缝、变形、污垢、浮药、砂眼，电雷管脚线是否有折断等。

（2）铅板穿孔试验。目的是检验雷管的起爆能力是否合格。试验用铅板直径不小于45mm(或正方形边长不小于40mm)，厚度为5mm(用于8号雷管)或4mm(用于6号雷管)。试验时，将雷管垂直立放在铅板中心上，铅板放在直径不小于40mm、高度不小于50mm的钢圈上，并固定好。雷管起爆后，铅板被炸穿的孔径大于雷管外径，则雷管起爆力视为合格。

应当指出，雷管铅板穿孔能力并不代表雷管整体的起爆能力，仅表明雷管底部方向的猛度，整体起爆能力还应包括雷管爆炸对侧向作用的威力。

(3) 电阻检验。对于铜脚线的各种电雷管，一般是在外观检查合格后的雷管中进行抽样，然后用专用欧姆表逐个做全电阻检验，符合产品说明书规定值的为合格。对目前广泛使用的铁脚线雷管，一般是进行导通检验。利用专用欧姆表检验是否有断路、短路和电阻不稳定的情况。对于全电阻值的要求并不是很严格。但全电阻值如有较大差别时，也有助于判断雷管桥丝是否生锈或沾有锡疙瘩等特殊质量问题。

(4) 毫秒雷管延期时间的检验。测量毫秒量级的微小间隔时间，需要有精密的仪表。常用的仪表有 410 型电子毫秒仪、HMD-2 型电子毫秒计和 PT-1 型时间间隔测量仪等。此外，利用通用的光线示波器也能准确地测出毫秒管的延期时间。

2.4.2 爆破器材的销毁

经过检验确认炸药已经变质不宜继续贮存和使用时，应当及时进行销毁，不得继续使用和转让。销毁的方法有：爆炸销毁法、焚烧销毁法、溶解销毁法和化学分解法。

2.4.2.1 爆炸销毁法

此法适用于销毁尚未完全丧失爆炸性能的报废炸药。销毁的地点和操作应符合爆破安全规程的要求。销毁用的起爆药包应采用优质的炸药做成。起爆应采用电雷管起爆，在特殊情况下，也可用火雷管起爆，但导火索（线）应具有足够的长度，以保证从事销毁的全部人员能从容地撤退到安全地点。敷设导火索时应从下风方向敷设到销毁地点。导火索应伸直，并覆以土。为了保证安全爆炸，最好将销毁的炸药放置在浅坑内爆炸。

2.4.2.2 焚烧销毁法

此法适用于不能由燃烧转为爆炸的报废炸药。如黑火药和其他失掉爆炸能力的炸药，焚烧时应在天气晴朗、干燥无风的白天进行。应将焚烧的炸药散铺成长条状，其厚度不大于 10cm，宽度不大于 30cm。可以同时并列铺放 3 条，但每条之间的距离不得小于 5.0m。在每条炸药的下风方向铺设长度不短于 5m 的“引火路”，“引火路”为导火索或易燃的刨花、枯枝和碎纸组成。点火前，必须认真检查，严禁将雷管和起爆药包等混入炸药中。点火后，操作人员应迅速撤到安全地点。禁止在燃烧过程中再添加任何燃料。只有在确认燃尽和熄灭以后，才能走近燃烧地点。

2.4.2.3 溶解销毁法

溶解销毁法适用于能够溶解于水的炸药，如硝铵类炸药和黑火药等。在盛水的容器内溶解时，每 15kg 炸药需水量不少于 400 ~ 500L。溶解完毕后将水溶液倒入深坑中，并将不溶解的残渣收集起来爆炸或焚烧掉。

2.4.2.4 化学分解法

化学分解法适用于能为化学药品分解而失掉爆炸能力的炸药。化学分解后的残渣应妥善处理。

3 起爆方法

3.1 电力起爆法

3.1.1 电雷管灼热原理和主要参数

3.1.1.1 电雷管灼热原理

电雷管中引火药（剂）发火的热源是桥丝通电后所放出的热量。根据焦耳—楞次定律，电流通过灼热桥丝时放出热量为：

$$Q = I^2Rt \tag{3-1}$$

式中 Q——电流通过灼热桥丝放出的热量，J；

I——电流强度，A；

R——桥丝电阻值，Ω；

t——桥丝通电时间，s。

从式（3-1）可知，I、t 一定，若 R 不同，Q 就不同，这就会使成组电雷管爆破网路中雷管早爆和拒爆。因此，为防止拒爆，在同一网路中电雷管应为同厂同批同型号产品。康铜桥丝电雷管电阻差，不得超过0.3Ω，镍铬桥丝电雷管电阻差值不超过0.8Ω。

3.1.1.2 电雷管主要参数

A 点燃起始能和敏感度

式（3-1）中 I^2t 称为电流起始能，点燃电雷管中的引火药所必需的最小电流起始能，称为点燃起始能 U_d：

$$U_d = I^2t_d \tag{3-2}$$

式中 t_d——点燃时间，ms。

点燃起始能的倒数即为电雷管的敏感度。

B 最低准爆电流

给电雷管通以恒定直流电，能将桥丝加热至点燃引火药的最低电流强度。国产电雷管最低准爆电流不大于0.7A。

成组电雷管最低准爆电流应比单个电雷管大。原因为：同一网路中电雷管的敏感度不同，提高准爆电流，就能在敏感度最高的电雷管桥丝烧断之前，使通过回路的电流起始能不致低于敏感度最低的雷管点燃起始能，这就可保证回路中不出现拒爆的电雷管。故成组电雷管爆破时，流经每个电雷管电流为：一般爆破：交流电不小于2.5A，直流电不小于2A；大爆破：交流电不小于4A，直流电不小于2.5A。

C 高安全电流

在一定时间（5min）给电雷管通以恒定直流电，而不会引燃引火药的最大电流称为高安全电流。国产电雷管最高安全电流为：康铜丝0.3A，镍铬丝0.25A。为更安全起见，爆破安全规程规定爆破场地杂散电流不大于30mA，量测电雷管的仪器，其输出电流不超过30mA。

D 点燃时间和传导时间

从电流通过桥丝到引火药发火的时间称为点燃时间，从引火药点燃到雷管爆炸的时间称为传导时间。点燃时间+传导时间=电雷管爆炸反应时间。

保证成组电雷管准爆条件为：

$$t_d(\text{最低}) + H \geqslant t_d(\text{最高}) \tag{3-3}$$

式中 t_d（最低）——点燃起始能最低电雷管点燃时间，ms；

t_d（最高）——点燃起始能最高电雷管点燃时间，ms；

H——点燃起始能最低电雷管传导时间，ms。

式（3-3）说明，为使成组雷管不拒爆，敏感度最高电雷管爆炸反应时间必须大于敏感度最低电雷管的点燃时间。

3.1.2 电爆网路的设计和计算

电爆网路有串联、并联、混合联三种形式。

3.1.2.1 串联

如图3-1所示，这种网路只要其中任何一个雷管发生故障，则整个网路失效。为提高这种网路的起爆可靠性，在实际爆破中常采用串并联网路（复式串联网路），如图3-2所示。

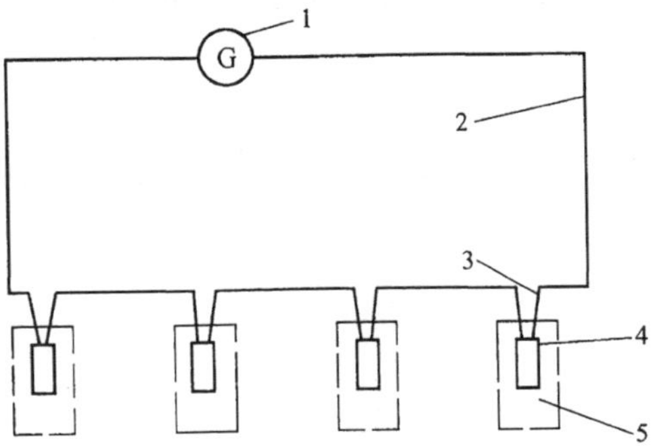

图3-1 串联网路

1—电源；2—主线；3—脚线；4—电雷管；5—药室

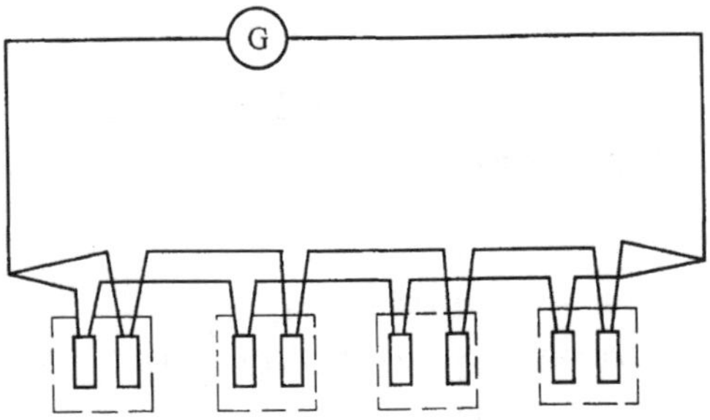

图3-2 串并联网路

串联电爆网路计算：

总电阻：

$$R = R_1 + R_2 + nr \tag{3-4}$$

式中 R——总电阻，Ω；

R_1——主线电阻，Ω；

R_2——端线、连接线、区域线电阻，Ω；

n——电雷管数目；

r——每个电雷管电阻，Ω。

如果电源电压为 E，则通过网路和每个电雷管的电流为：

$$i = I = \frac{E}{R_1 + R_2 + nr} \tag{3-5}$$

式中 I——通过网路的总电流，A；

i——通过每个电雷管的电流，A。

串并联（复式串联）网路计算：

所需电流：

$$I = \frac{E}{R_1 + \frac{1}{2}(R_2 + nr)} \tag{3-6}$$

通过每个电雷管实际电流：$i = \dfrac{E}{2\left[R_1 + \frac{1}{2}(R_2 + nr)\right]}$ (3-7)

3.1.2.2 并联

如图 3-3 所示，这种网路起爆的可能性较高，但要求的总电流较大。

网路计算：

总电阻 $R = R_1 + R_2/n + r/n$ (3-8)

通过电爆网路的总电流：

$$I = \frac{E}{R_1 + (R_2 + r)/n} \tag{3-9}$$

通过每个电雷管的电流：

$$i = I/n$$

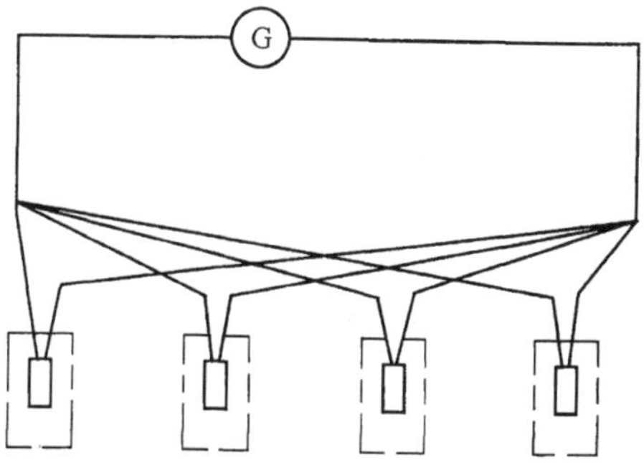

图 3-3 并联网路

3.1.2.3 混合联

混合联主要有并串联和并串并联（或复式并串联），如图 3-4、图 3-5 所示。

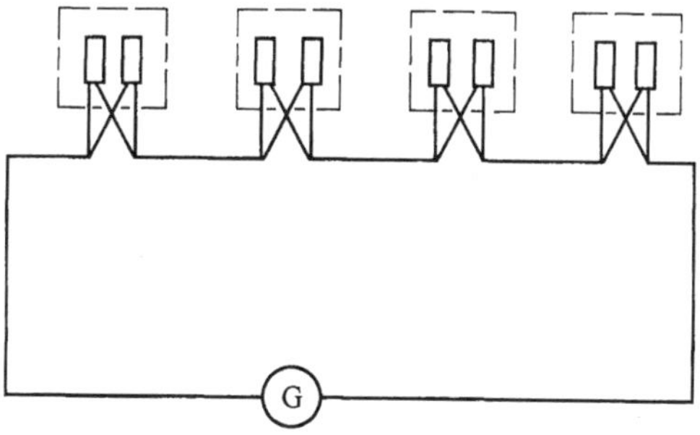

图 3-4 并串联网路

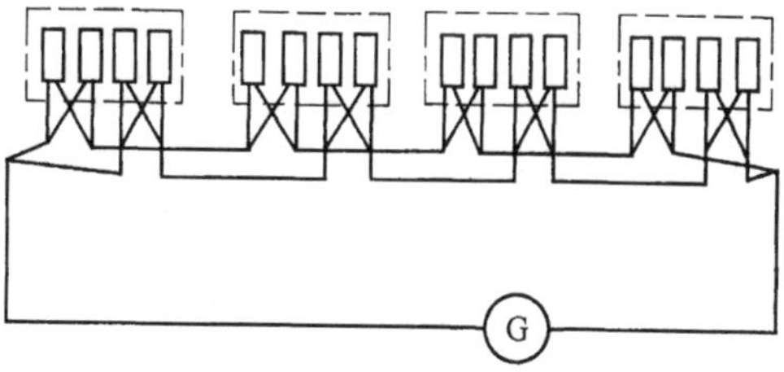

图 3-5 并串并联网路

并串联网路计算：

总电阻
$$R = R_1 + m(r/n + R_2) \tag{3-10}$$

式中　m——串联的炮孔或药室的数目；

n——并联成一组中的电雷管数目。

通过电爆网路的总电流
$$I = E/[R_1 + m(r/n + R_2)] \tag{3-11}$$

通过每个电雷管电流
$$i = I/n$$

并串并联（或复式并串）网路计算：

通过电爆网路总电流
$$I = E/p[R_1 + m/2(r/n + R_2)] \tag{3-12}$$

通过每个电雷管电流
$$i = I/2n$$

更加复杂的并串并联网路计算在此不作介绍。

3.1.3　电爆网路各组成部分选择

电雷管的选择前已述及，现介绍网路导线和电源的选择。

3.1.3.1　导线

电爆网路中的导线包括以下各种：

脚线——从电雷管内引出的两根导线。它通常是直径0.5mm、长1.5～2m的铜芯或铁芯涂蜡纱包线或聚氯乙烯绝缘线。

端线——连接电雷管脚线引出至孔口或药室口的导线。直径不小于0.8mm，一般用单股直径1.1～1.38mm的绝缘胶皮线。

连接线——连接各孔口或药室口之间的导线。规格同端线。

区域线——连接主线和连接线的导线。实施分区爆破时，各分区与主线间连线也称区域线，规格同端线。

主线——从爆破电站内主刀闸开关器至爆破区域线（或至连接线）的导线。它在爆破中可多次重复使用。一般用七股直径1.68～2.11mm的绝缘胶皮线。

3.1.3.2　电源

电起爆的电源有放炮器、干电池、蓄电池、移动式发电机、照明电力线、电力动力线。

（1）放炮器（起爆器）：只能供给线路很小的电流。在炮眼法或小规模爆破中被广泛使用。它有发电机式和电容式两类。前者是一个小型手摇发电机，由于它起爆能力不稳定等原因，现已淘汰。

目前最常用的是电容式放炮器。它利用大容量瞬间放电来提供起爆冲能，其特点是重量轻而容量大。国产电容式放炮器型号较多，但工作原理基本相同，只是某些电路稍有改变，表3-1列出了部分型号及技术规格。

表 3-1 放炮器的性能和规格

型号	起爆能力/发	输出峰值/V	最大外电阻/Ω	充电时间/s	放电持续时间/ms	电源	重量/kg	外形尺寸(长×宽×高)/mm×mm×mm	生产厂家
MFB-50/100	50/100	960	170	<6	3~6	1号电池3节		135×92×75	抚顺煤炭研究所
MFJ-100	100	900	320	<12	3~6	1号电池4节	3	180×105×165	营口无线电二厂
J20F-300-B	100/200	900	300	7~20	<6		1.25	148×82×115	营口无线电二厂
MFB-200	200	1800	620	≤6				165×105×102	抚顺煤炭研究所
QLDF-1000-C	300/1000	500/600	400/8	15/40		1号电池8节	5	230×140×190	营口无线电二厂
GM-2000	最大4000	2000		≤80		8V XQ-1 蓄电池	8	360×165×184	湘西矿山电子仪器厂
GNDF-4000	抗杂雷管480 铜4000 铁2000 抗杂雷管720	3600	600	10~30 30~40	50	蓄电池或干电池 12V	11	385×195×360	营口市电子研究所
BC2X-5040	工业雷管千余发 抗杂雷管 60~150	5000	2200				15.5	250×230×230	

电容式放炮器通常所能提供电流不大，一般只能用来起爆串联网路。只有放炮器处于完好状态，其起爆能力才足以把在其铭牌规定的线路总电阻和雷管数目范围内的网路安全起爆。

(2) 干电池：像放炮器一样，虽然电压较高，但放出的电流却不大，为满足一定爆破网路的需要，可将数个干电池并联，以增强输出电流并减小内电阻。

(3) 蓄电池：同干电池相比，优点是输出电流较大，还可以随时充电。

(4) 移动式发电站、照明电源或动力电源，是电起爆中最可靠的电源。尤其是在大规模爆破中，由于药包多，网路复杂，需要的准爆电流大，必须使用这三种电源中的一种，上述三种电源的供电类型通常有以下三种：

1) 直流电：电压为100V或250V；

2) 单相交流电：电压为127V或220V；

3) 三相交流电：三线供电时，电压为220V或380V；四线供电时（带零线），电压为220/127V或380/220V（分子为线电压、分母为相电压）。

除有瓦斯或矿尘爆炸危险的矿井外，其他场合的电爆网路都可采用动力线路交流电起爆。三相交流电虽然可以充分利用电源的输出能力，但它存在以下缺点：

第一，同一瞬间三个相线的瞬时电流值不同，有的相电流大，有的相电流小。

第二，三相刀闸合闸时，各相很难达到同时动作，各相通电时间有一定误差，因而各相电雷管可能产生不同时点燃，存在着部分电雷管发生拒爆的可能性。

3.1.4 电爆网路的测量仪表

电爆网路敷设完毕后，必须用导通仪对网路进行导通，导通的目的是检验网路敷设和连接的质量，以确保网路通电后能顺利起爆。用来测量电爆网路和电雷管电阻的导通仪必须是爆破专用的爆破线路电桥和爆破欧姆表，不能采用普通电桥、欧姆表和万用表，因为此类电表的输出电流太大，常常引起早爆事故。

目前在电起爆中以 205 型线路电桥和爆破欧姆表应用得最广泛。

3.1.5　电起爆法的特点和适用条件

电起爆法可广泛用于炮眼、深孔和药室爆破中。它的优点是：可以实现远距离操作，提高起爆安全性；可同时起爆大量药包，有利于增大爆破量；可以准确控制起爆时间和延期时间，改善爆破效果；在起爆前可以用仪表检查电雷管的质量和起爆网路的施工质量，从而保证了起爆网路的正确性和起爆的可靠性。

它的缺点是：准备工作复杂，作业时间长；电爆网路设计和计算繁琐；必须具备起爆的电源；在有外来电的地方，潜在着引起电雷管早爆的危险。

3.1.6　电爆网路的施工技术

电力起爆网路的所有导线接头，均应按电工接线法连接，并用绝缘胶布缠好。

对线径较粗的单股或多股线，连接时将剥开的线头对向交叉，再互相顺序缠在对方剥开的导线上，要缠得密实、紧凑，保证接头牢固不松动，然后用绝缘胶布缠好。

电雷管脚线与线径较小的单股爆破线连接时，可将剥开的线头顺向并拢在一起，在中间倒折回来转动缠绕并成一股，再将露出的线头尖端折回压紧在接头处，然后用绝缘胶布缠好。

电雷管脚线或线径较小的单股爆破线与线径较粗的导线相连接时，将剥开的线头成十字状，将线径较小的单股爆破线紧紧缠绕在粗线上，保证接头牢固不松动，然后用绝缘胶布缠好。

在进行电爆网路施工前，应进行如下准备工作：

（1）当爆区附近有各类电源及电力设施，有可能产生杂散电流时，或爆区附近有电台、雷达、电视发射台等高频设备时，应对爆区内的杂散电流和射频电的强度进行检测。若电流强度超过安全允许值，不得采用普通型电雷管起爆，应采用抗杂电雷管。

（2）同一起爆网路，应使用同厂、同批、同型号的电雷管，电雷管的电阻值不得大于产品说明书的规定。

（3）对电雷管逐个进行外观检查和电阻检查，挑出合格的电雷管用于电爆网路中；对延时秒量进行抽样检查；对网路中使用的导线进行外观和电阻检查。

（4）对重要的爆破工程，应安排网路的原形试验。即将准备用于电爆网路中的主线，连接电线、起爆电源，按设计网路的连接方式、连接电阻、连接电雷管数进行电爆网路原形试验。原形试验中一般使用挑出后剩余的电雷管。

电爆网路的连接必须在爆破区域装药堵塞全部完成和无关人员全部撤至安全地点之后，由有经验的爆破工程技术人员和爆破员进行连接。连接中心注意以下事项：

（1）电爆网路的连接要严格按照设计进行，不得任意更改。

（2）电爆网路的端线、连接线、区域线应采用绝缘良好的铜芯线；不得利用铁轨作爆破线路；不应使用裸露导线，在硐室爆破中不宜使用铝芯线作为导线。

（3）连线前应擦净手上的泥污和药粉。

（4）接头要牢靠、平顺，不得虚接；接头处的线头要新鲜，不得有锈蚀，以防接头电阻过大；两线的接点应错开 10cm 以上；接头要绝缘良好，特别要防止尖锐的线端刺透出绝缘层。

（5）导线敷设时应防止损坏绝缘层，应避免导线接头接触金属导体；在潮湿有水地区，应避免导线接头接触地面或浸泡在水中。

（6）敷设时应留有 10% ~15% 的富余长度，防止连线时导线拉得过紧，甚至拉断的事故。

（7）连线作业应先从爆破工作面的最远端开始，逐段向起爆点后退进行。

（8）在连线过程中，应根据设计计算的电阻值逐段进行网路导通检测，以检查网路各段的连接质量，及时发现问题并排除故障；在爆破主线与起爆电源或起爆器连接之前，必须测量全线路的总电阻值，实测总电阻值与实际计算值的误差不得大于 ±5%，否则禁止连接。

（9）电爆网路的导通和电阻值检查，应使用专用导通器和爆破电桥。

（10）电爆网路应经常处于短路状态。

（11）雷雨天不应采用电爆网路。如在电爆网路连接过程中出现雷雨天气，应立即停止作业，爆区内的一切人员要立即撤离危险区，撤离前要将电爆网路的主线与支线拆开，将各线路分别绝缘，并将绝缘接头处架高使之与地绝缘和防止水浸，不要将电爆网路连接成闭合回路。

3.2 非电起爆法

3.2.1 火雷管起爆法

它的起爆过程是：先点燃插入火雷管中的导火索段，待它燃烧后火焰以稳定的速度沿着导火索的药芯传播，当传到火雷管时，从导火索的端口喷出的火焰引爆火雷管，进而引爆药包。

3.2.1.1 起爆雷管的加工

将一定长度的导火索与火雷管连接在一起就成为起爆雷管。加工起爆雷管的工作必须在专门的加工房或硐室内按照安全操作规程的要求进行。其加工步骤为：

（1）用锋利小刀按所需长度从导火索卷中截取导火索段，插入火雷管一端要切平，点火一端为增大点火时的接触面积可切成斜面。导火索长度应保证操作人员有充分时间撤至安全地点，最短也不得小于 1.2m。

（2）把导火索平整一端轻插入火雷管内与雷管加强帽接触为止，不要把斜面一端插入。如发现雷管口中有杂物，在导火索插入前，必须用指甲轻轻弹出。

（3）用专门雷管钳夹紧雷管口，使导火索段固接在火雷管中。夹时不要用力过猛以免夹破导火索。雷管钳侧面与雷管口平齐，夹的长度不得大于 5mm，避免夹到雷管中的起爆炸药。如为纸壳雷管可用缠胶布的办法来固定导火索段。

3.2.1.2　起爆药包的加工

起爆雷管或电雷管装入药包，这种装有雷管的药包叫起爆药包。加工起爆药包时首先要将装雷管的一端用手揉松，再将此端的包纸打开，用专用锥子（木、竹、铜制）沿药包中央长轴方向扎一个小孔，然后将起爆雷管全部插入，并将药包四周包纸收拢紧贴在导火索上，最后用胶布或细绳扎好。

3.2.1.3　点火起爆

装药结束以及一切无关人员撤至安全地点，并做好警戒工作后可以点火。点火前必须用快刀将导火索点火端切掉5cm，严禁边点火边切割导火索。必须用专用点火器材点火，点火材料有点火线、导火索段、点火棒、点火筒等，严禁用火柴、烟头和灯火点火，尽量用点火筒、电力点火和其他的一次点火法。

火雷管起爆法应用范围较广，主要用于浅眼爆破，不适合用于中深孔爆破。禁止在瓦斯和矿尘爆炸危险的地方使用，不宜在水下爆破使用。它的优点是操作简便，成本低；其缺点是需要在工作面点火，有毒气体量大，安全性较差。

3.2.2　导爆索起爆法

导爆索起爆法是利用绑在导爆索一端的雷管爆炸，起爆导爆索，然后由导爆索传爆，将绑在导爆索另一端的起爆药包起爆。

3.2.2.1　起爆药包的加工

对于深孔爆破，起爆药包的加工有三种方法：第一种是将导爆索直接绑在药包上（见图3-6*a*），然后将它送入孔内；第二种是散装炸药时，将导爆索的一端系一块石头或药包（见图3-6*b*），然后将它下放到孔内，接着将散装炸药倒入；第三种是当采用起爆药柱时，将导爆索的一端绑扎在起爆药柱露出的导爆索扣上。

对于硐室爆破，常将导爆索的一端挽成一个结，如图3-7所示，然后将这个起爆结装入一袋或一箱散装炸药的起爆体中。

图3-6　导爆索起爆药包

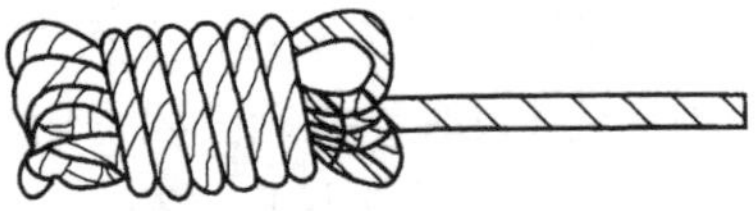

图3-7　导爆索结

3.2.2.2　导爆索的起爆

导爆索本身需用雷管起爆，为保证起爆的可靠，在硐室和深孔爆破时，常常在导爆索与雷管连接的地方绑上一卷或两卷炸药包，如图 3-8 所示，雷管聚能穴应朝向传爆方向。绑结雷管或药包的位置应在离导爆索末端 150mm 地方，为了安全，只允许起爆前将雷管或药包绑在导爆索上。

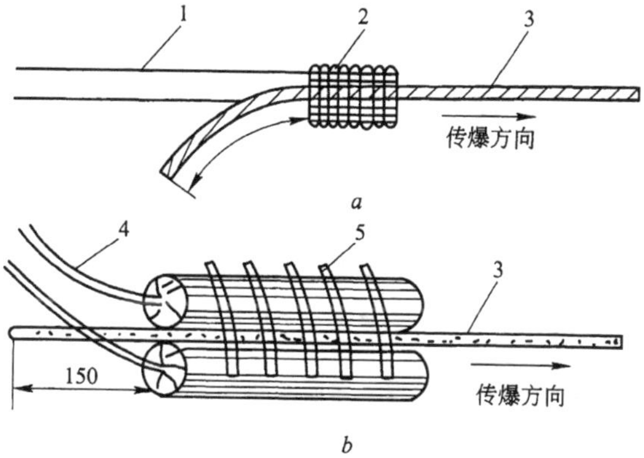

图 3-8 导爆索起爆的连接方式

a—用雷管起爆；*b*—用药包起爆

1—脚线；2—电雷管；3—导爆索；4—导火索；5—药包

3.2.2.3 导爆索网路和连接方法

导爆索起爆网路包括：主干索、支干索和引入每个深孔和药室中的引爆索。其连接方法有开口网路和环形网路两种。

A 开口网路（分段并联网路）

开口网路由一根干索、若干根并联的支干索及各深孔中的引爆索组成，整个网路是开口的，如图 3-9 所示。主干索与分支干索或支干索与引爆索之间的连接用搭接法最方便，如图 3-10*a* 所示。搭接长度不小于 10cm，导爆索本身接长可用扭结或水手结，如图 3-10*b* 所示。

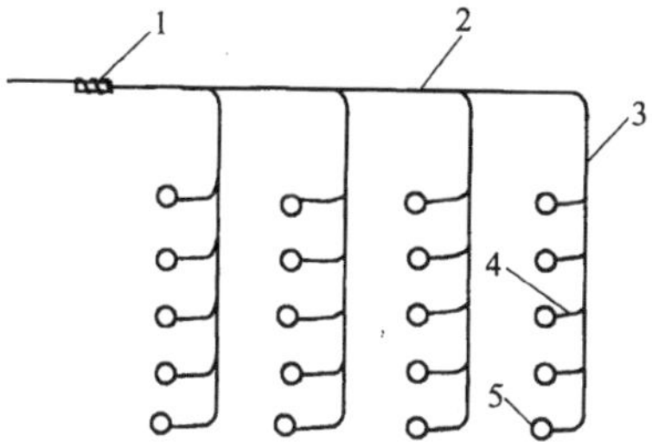

图 3-9 开口网路

1—起爆雷管；2—主干索；3—支干索；4—引爆索；5—炮孔

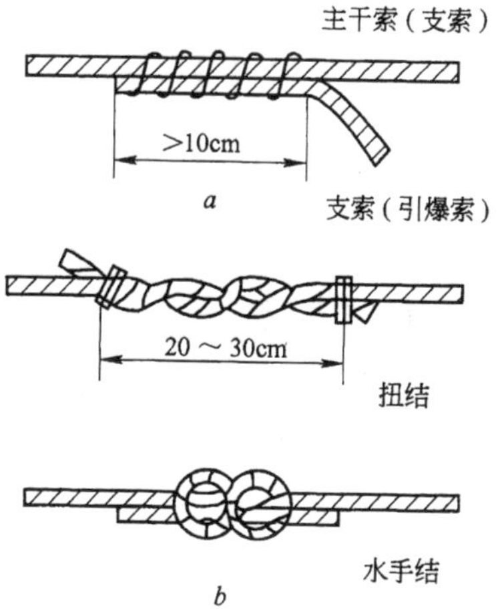

图 3-10 导爆索搭接法和接长法

a—搭接法；*b*—接长法

B 环形网路（双向并联）

环形网路是一种闭口网路（见图 3-11），其特点是各孔（药室）的引爆索可以接受从两个方向传来的爆轰波，起爆可靠性较开口网路大，为使引爆索能接受两个方向传来的爆轰波，引爆索与支干索和支干索与主干索之间必须用三角连接法（见图 3-12）。

为实现微差起爆，可在网路中适当位置连接继爆管，组成微差起爆网路，如图 3-13 所示。

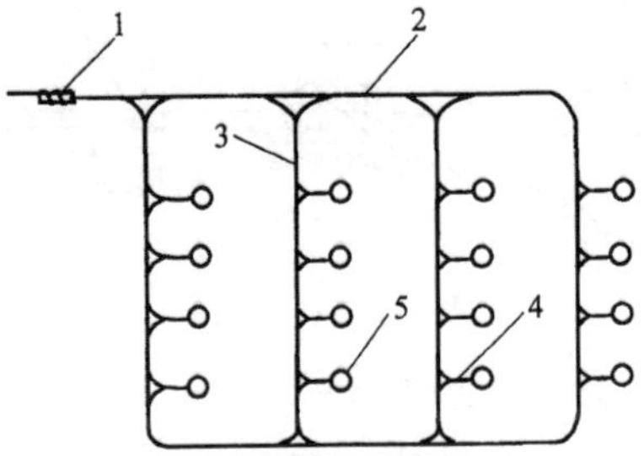

图 3-11　环形网路
1—起爆雷管；2—主干索；3—支干索；
4—引爆索；5—炮孔

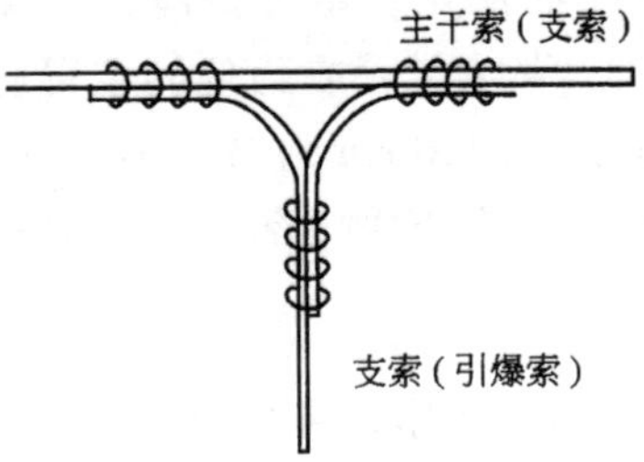

图 3-12　三角连接法

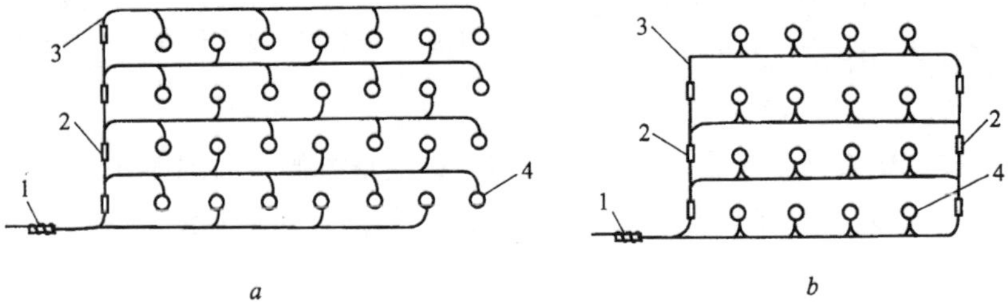

图 3-13　微差起爆网路
a—开口网路的微差起爆；*b*—环形网路的微差起爆
1—起爆雷管；2—继爆管；3—导爆管；4—炮孔

3.2.2.4　应用范围和特点

导爆索起爆法适用于深孔爆破、硐室爆破和光面预裂爆破。

它的优点是：操作技术简单、安全性较高，不受杂散电流、雷电、射频电干扰；导爆索爆速高，有利于提高传爆稳定性；可使成组炮孔或药室同时起爆，同时起爆炮孔数不限。

它的缺点是：导爆索成本较高；起爆以前不能用仪表检查起爆网路质量；露天爆破时噪声大。

3.2.3　导爆管起爆法

导爆管起爆法类似于导爆索起爆法，但它本身不能直接起爆工业炸药，而只能起爆炮孔中的雷管，再由雷管引爆炸药。

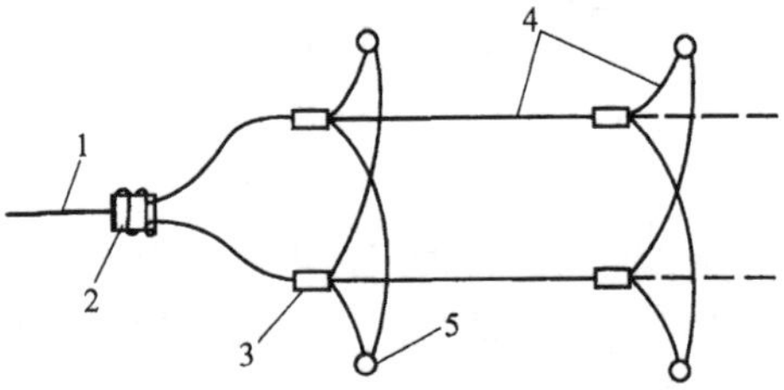

图 3-14　导爆管起爆系统的组成
1—导线；2—起爆雷管；3—连通管；
4—导爆管；5—炮孔

3.2.3.1　导爆管起爆系统的工作原理

导爆管起爆系统（见图 3-14）由三部分组成：击发元件、传爆元件（连接元件）和末端工作元件。击发元件的作用是激发导爆管，使它产生爆炸，常用的如雷管、击发枪火帽、电引火头和电击发笔等。传爆元件的作用是爆轰波连续传递下去，它由导爆管和连通元件组成。末端工作元件是由引入炮孔或药室中的导爆管和它末端组装的雷管（即发的或延发的）组成。它的作用是直接引爆炮孔或药室中的工业炸药。

该系统的工作过程是：击发元件引起传爆元件中的导爆管起爆，传爆到连通管并带动各导爆管起爆和传爆。连通管往下的导爆管有两类：一类为末端工作元件的导爆管，由于它的传爆引起雷管爆炸并使炸药爆炸；另一类属于传爆元件的导爆管，它的作用是往下继续传爆，这样接连传爆下去，使所有炮孔或药室都起爆。

3.2.3.2 爆破网路

爆破网路是在串联和并联基础上的混合联。实践证明，导爆管起爆系统用于隧道爆破以并联网路较好，露天深孔以并串并联为宜；楼房拆除爆破，区域内以簇联（大把抓—并联）为好，区域间以并串联较方便。以下对这几种分别加以介绍，其余方法在此不加叙述。

A 并并联

某铁路隧道的开挖，就是用并并联网路，如图 3-15 所示，38 个炮孔分成五组，每组并联 7 ~ 8 根导爆管，五组再并联一起。

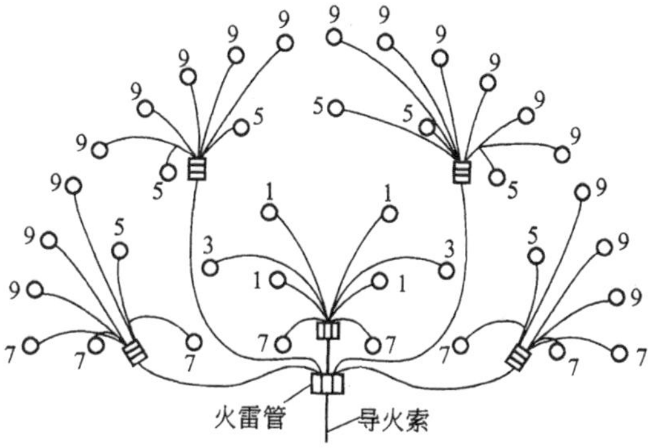

图 3-15 弧形导坑爆破并并联网路

导爆管系统实现微差爆破的方法有孔内微差和孔外微差两种。孔内微差爆破就是将各段别的毫秒雷管装在炮孔内，以雷管的段别之差实现微差爆破。孔外微差爆破，就是在各个炮孔中装的都是即发雷管，把不同段别的毫秒雷管作为传爆雷管放在孔外，各炮孔的响炮时间间隔和前后顺序由这些放在孔外的不同段别的传爆雷管来控制，实现微差爆破。相比较而言，孔外微差操作简便，不易出差错。图 3-16 为某隧道下导坑开挖中用的一种孔外控制微差爆破网路（并并联）。

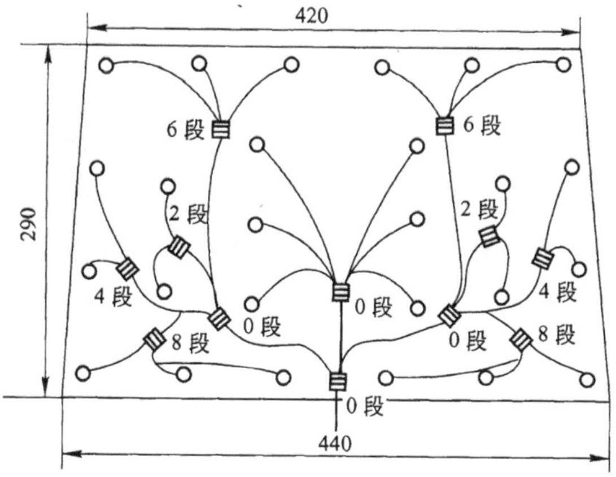

图 3-16 孔外控制微差爆破网路

B 并串并联

露天深孔爆破常用这一网路（见图 3-17）。并串并联网路可以用于孔外微差爆破。每个炮孔中装即发雷管，根据设计的顺段或隔段方案，在每一排孔的一端连接相应的段发雷管，图 3-18 为隔段孔外微差爆破网路。

孔外微差爆破除了比孔内微差爆破节省起爆器材费用之外，最大特点是只用一种段别的毫秒雷管就可实现等间隔

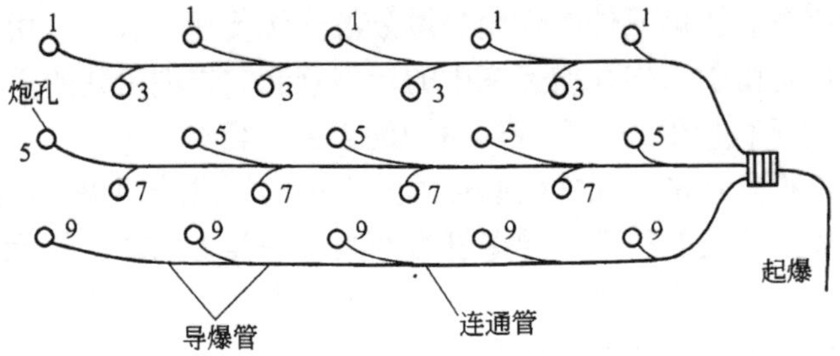

图 3-17　并串并联网路

微差爆破，图 3-19 为用两段毫秒雷管（延期 25ms）实现的爆破网路。

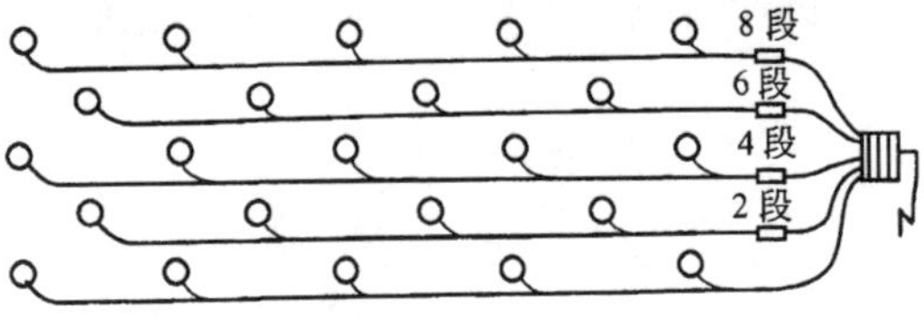

图 3-18　隔段孔外控制微差爆破网路

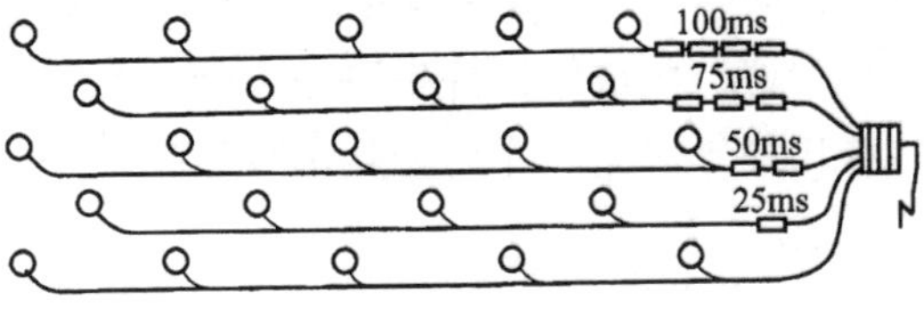

图 3-19　孔外等间隔微差爆破网路

3.2.3.3　应用范围和特点

该起爆法应用范围较为广泛，除了在有沼气和矿尘爆炸危险环境中不能采用外，几乎可在各种条件下应用。

它的优点是：操作技术简单，易掌握，起爆准备工作量较小；不受外来电的影响，安全性高（除非雷电直接击中它）；成本低，能使成组炮孔或药室同时起爆，且同时起爆炮孔数目不限，并能实现各种方式的微差起爆。

它的缺点是：起爆前无法用仪表来检查起爆网路连接的质量；不能用于有沼气或矿尘爆炸危险的地点；爆区太长或延期段数太多时，空气冲击波或地震波可能会破坏起爆网路；高寒地区塑料管硬化会恶化导爆管传爆性能。

3.2.3.4　塑料导爆管接力起爆网路的可靠度

导爆管雷管无法用仪表检测。当其准爆率达不到 100% 时，无法判定哪一个雷管拒爆。当不合格产品进入网路后，它们对网路顺利起爆的完成将产生不同程度的影响。所以，在网路设计中必须采取适当的安全贮备方式，提高网路的设计可靠度，保证网路能可靠地起爆。

接力起爆网路在规定的条件下，完成预定功能的概率，称为设计可靠度 R_d。规定条件指网路正常设计、正常敷设和正常使用的条件。因此在网路设计、敷设和使用中人为的过失（诸如采用过期起爆元件、网路中漏接、错接等），一般不在设计可靠度考虑的范围内。

（1）串联可靠度计算。采用下式计算串联网路可靠度：

$$R_d = R_i^K \tag{3-13}$$

式中 R_d——网路可靠度；

R_i——单个雷管的准爆率，恒小于1；

K——结点数。

（2）复式网路的可靠度。捆绑类网路可采用下式计算：

$$R_d = [1 - (1 - R_i)^n]^K \tag{3-14}$$

式中，符号含义同前，n 为串联的组数。设结点数 $K = 100$，雷管准爆率 $R_i = 0.975$，$n = 3$，则绑联的准爆率为99.8%。

理论分析可见，网路串、并联两者准爆率相差极大，网路结点越多，差别越大。因此，复式以上的网路宜采用绑联法。过去之所以采用串并网路是担心爆破飞石砸断网路，将绑联网路散开连接，意为砸断一条还有另一条。这样只注意到飞石破坏这一个方面的情况，却忽略了网路可靠度大大降低这一更重要的方面，后者对网路的影响更大。

3.2.3.5 塑料导爆管网路中如何避免串段、重段

导爆管起爆网路设计的基本要求之一，是不允许网路中出现串段、重段现象。串段造成起爆顺序混乱，直接影响爆破效果；重段则增加一响起爆药量，可能危及邻近建筑物的安全。

A 起爆网路串段、重段的主要原因

通常，在进行网路设计时，各段雷管延时设计值（设计名义起爆时间）均取其均值 t_d，而每发雷管的实际延时在其置信度区间内是随机分布的。即可能较“提前或推后”。而每孔内毫秒起爆网路的延时特性是由孔内的不同段延期雷管决定的。一般只要采用延期时间合格的雷管，网路不会有串段、重段现象。但是，一旦发生出厂雷管延期时间不合格，便会发生串段、重段现象。因此，在网路设计前必须对所采用的延期雷管进行延期检测。根据实测结果，合理选择使用。

对于孔外接力起爆网路，在同一条接力传爆支路上的各段间一般不会发生串段、重段现象。但由多条传爆支路组成的大区多排毫秒串、并联接力网路，由于每条传爆支路都具有很强的延期时间累积性（其中主要是误差累积），当它经过多段延期时间接力后，使得其实际时间与设计值有很大的差异，从而有可能在前、后排传爆支路间发生串段、重段现象。其根本原因，是毫秒延期雷管自身的延期时间偏差以及网路自身的延时性。

B 多排接力式网路避免串、重段的措施

在多排接力式网路设计中，采用前、后排，雷管间进行搭接这一重要措施避免串段、重段。其根本依据是当传爆结点间的起爆延期时间的累计误差还没大到使传爆系统可能发生串段、重段时，让传爆支路间再一次实现同步。

那么，关键是决定炮孔前、后排在何部位会发生串段、重段。判别发生串段、重段部位的判定方程：

$$m \geqslant \frac{t_{di}^2 - t_{0i}^2}{2t_0^2} \tag{3-15}$$

式中 m——传爆支路上发生串段、重段的传爆结点序号；

t_{di}——前、后排对应炮孔设计时差均值；

t_{0i}——前、后排对应炮孔设计时差的偏差值；

t_0——各条传爆支路上传爆雷管延时偏差值。

【例】 已知，接力起爆网路中的各支路传爆雷管均为 MS2 段（$t_0=10$ms），前、后排支路间采用 MS3 段雷管（$t_{di}=50$ms，$t_{0i}=10$ms）进行延期爆破，求前、后排可能出现串段的传爆结点序号 m。

由式（3-15）求得 $m\geqslant 12$。

计算表明：对这种特定网路，当支路接力传爆结点达到 12 时就有可能发生串段，因此应在 12 之前采取前、后排搭接。如图 3-20 所示，在支路第 10 个接点处进行搭接。搭接同样采用 MS3 段雷管。

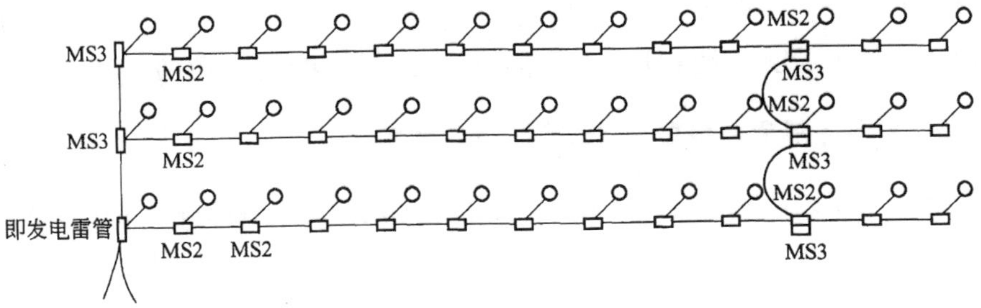

图 3-20　搭接网路

3.2.3.6　爆破中其他因素对网路准爆的影响

（1）施工连接工艺的影响。施工连接工艺的影响，是网路拒爆最重要的原因，所占比例最高（将在后面论述）。

（2）爆破地震波对网路的影响。过去一些人将网路的拒爆，视为爆破地震波造成的。因为地震波的速度在岩体中约为 3000～6000m/s，远高于导爆管中爆轰波的传爆速度 2000m/s，超前的地震波破坏了导爆管的爆轰过程而中止传爆，导致网路传爆失败。

外界的影响造成中止爆轰，只有导爆管严重被拉断才有可能。但是地震波不可能造成网路拉断，因为地震波引起地表位移量仅为毫米级，而地表导爆管网路的连接都较为松弛。毫米级的位移量不会导致拉断。网路的实爆经验及网路中断的情况观察都证明了这一点。

（3）爆破空气冲击波对网路的影响。在露天台阶爆破中，只要对炮孔合理地进行填堵，爆破空气冲击波强度一般都很小，不会对地表接力网路构成危险。但是，在隧洞开挖爆破中，先响炮孔产生的空气冲击波对后爆孔的孔外接力网路的破坏影响是存在的。某地下隧洞开挖爆破，开挖断面 3m×4m，采用孔外接力网路（其中周边孔外用第九段毫秒雷管接力），起爆后，由于空气冲击波的作用造成大量孔拒爆（该炮空气冲击波吹垮了距掌子面 20m 以外的喷锚钢筋网）。其中掏槽爆破因装药量大，破坏影响尤其不容忽视。

一般情况下，在隧洞全断面开挖时应在掏槽孔起爆前，所有炮孔内雷管均被点燃。至于光爆孔，当采用导爆索连接时，宜采取双向连接，形成环形导爆索网路，起爆雷管可设置 3～5 个，以保证所有光爆孔全爆。

（4）飞石的影响及炮孔内雷管段别的选择。网路延期时间选择不当，先爆孔产生的飞石有可能破坏后响的起爆网路。因此，首响孔起爆时间的选定具有重要意义。当首响孔爆破时，地表传爆雷管将炮孔内所有起爆雷管点燃，是最安全的一种网路。炮孔较多而不能做出上述安排时，应遵循先响孔远离未爆破的传爆雷管这一基本原则。实现这一基本原则的条件，是孔内装高段位雷管，传爆用低段位雷管。前者是延缓首响孔的起爆时间，后者则缩小了地表传爆雷管的延期时间。

飞石破坏网路的时间大于地表最后一个传爆雷管的延期起爆时间是网路安全的必备条件。对于飞石破坏网路的时间如何确定，目前尚无精确的方法。但可采用近似估算的方法，最易砸坏网路的飞石来自堵塞段，或孔口的岩块。它们经过上抛，达到最高点，然后沿弹道轨迹自由下落的运动过程。运动速度是变化的，从高速摄影的资料可以分析出，它们的平均速度，一般的深孔台阶松动爆破为 10～20m/s。若以 20m/s 计算，可以很容易计算出每一个传爆雷管引起爆孔的距离，然后算出飞石到达的时间。只要传爆雷管爆破时间小于上述时间，网路便不会被砸坏。

3.2.3.7 网路敷设工艺对网路准爆的影响

大量导爆管网路失败的实例分析表明：造成网路拒爆、断爆的主要原因是网路敷设工艺的差错。产生差错的原因是操作人员对导爆管起爆系统的性能了解不透或者操作不当所致。

网路敷设应注意以下问题：

（1）所有操作人员必须熟悉导爆管起爆系统的性能和敷设工艺。经考核合格后，方能从事网路连接工作。

（2）设计与敷设前应对使用雷管的准爆率和延期时间进行检测并对外观质量进行直观检查。

（3）网路连接：

1）连网开始，应停止爆破区域内一切与网路敷设无关的施工作业。无关人员应撤离爆破区。

2）开始连网前，应有现场技术负责人向作业人员交底。进行工作分工，雷管分发，网路检查和网路保护必须专人专管。技术负责人和网路检查人事先应熟悉网路图并按图指挥和检查网路连接。

3）连网一般从每排最后响的爆孔或药室向先爆点方向连接。主干线从后排向前排连接。每一结点到起爆孔之间，以及结点之间，导爆管应做到“直而不紧”，严禁留得过长或呈打盘状，因为这些弯曲管一旦接近并靠在传爆雷管或导爆索上，易被炸断拒爆。除搭接管外，不应有交叉管路出现，导爆管更不能跨越导爆索。

4）每条支线宜采用图 3-21 所示的连接方式。注意传爆雷管到胶布捆扎头间距离宜大于 50cm。设置胶布捆扎点及规定安全距离主要使传爆雷管与被引爆的导爆管不要靠近，以免被炸断。同时这种连接方式整齐清楚，便于检查。

5）传爆雷管的聚能穴方向应与被引爆的塑料导爆管的传爆方向相反。若采用正向引爆，需用黑胶布带将传爆雷管的聚能穴包扎 2～3 层。

传爆雷管应放置在被引爆的塑料导爆管中间，用胶布捆紧，支线接头包扎不少于 5

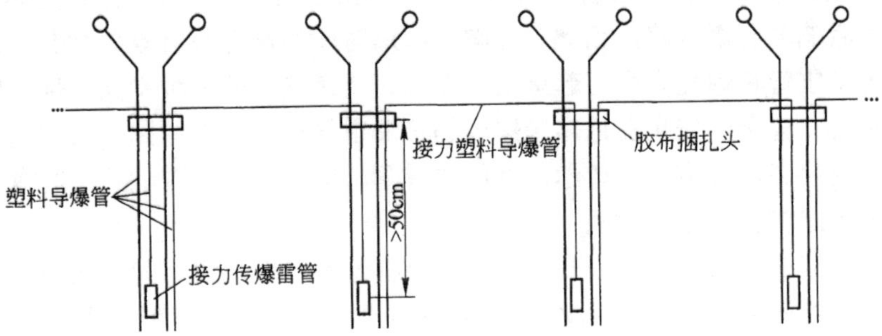

图 3-21　接力传爆雷管与爆破孔内起爆雷管连接示意图

层，干线接头不少于 8 层。地表传爆雷管连接好后，可用牛皮纸、废炸药包装箱纸等物品进行包扎或压盖，重点防止该传爆雷管爆炸后的飞片击断后爆塑料导爆管。

6）连网完毕，除技术负责人、检查人员和网路保护人员外，其他人员都应离开现场。经网路技术负责人检查认可后，方可起爆。

3.2.4　导爆管起爆网路的施工技术

3.2.4.1　一般施工要求

导爆管起爆网路一般施工要求有以下几点：

（1）施工前应对导爆管进行外观检查，用于连接用的导爆管不允许有破损、拉细、进水、管内杂质、断药、塑化不良、封口不严。在连接过程中导爆管不允许打结，不能对折，要防止管壁破损、管径拉细和异物入管。如果在同一分支网路上有一处导爆管打结，传爆速度会降低，若有两个或两个以上的死结时，就会产生拒爆；对折通常发生在反向起爆的药包处，实测表明，对折可使爆速降低，从而导致延期时间不准确，严重时可产生拒爆。

（2）导爆管网路应严格按设计进行连接。用于同一工作面的导爆管必须是同厂同批产品，每卷导爆管两端封口处应切掉 5cm 后才能使用。露在孔外的导爆管封口不宜切掉。

（3）根据炮孔的深度、孔间距选取导爆管长度，炮孔内导爆管不应有接头。

（4）用套管连接两根导爆管时，两根导爆管的端面应切成垂直面，接头用胶布缠紧或加铁箍夹紧，使之不易被拉开。

（5）孔外相邻传爆雷管之间应留有足够的距离，以免相互错爆或切断网路。

（6）用雷管起爆导爆管网路时，起爆导爆管的雷管与导爆管捆扎端端头的距离应不小于 15cm，应有防止雷管聚能穴炸断导爆管和延时雷管的气孔烧坏导爆管的措施，导爆管应均匀地敷设在雷管周围并用胶布等捆扎牢固，接头胶布不少于 3 层。

（7）用导爆索起爆导爆管时，宜采用垂直连接。用普通导爆索击发引爆导爆管时，因为导爆索的传播速度一般在 6500m/s 以上，比导爆管的传播速度快得多，为了防止导爆索产生的冲击波击断导爆管造成引爆中断，导爆管与导爆索不能平行捆绑，而应采用正交绑扎或大于 45°以上的绑扎。硐室爆破中采用导焊管和导爆索混合起爆网路时，宜用双股导爆索联成环行起爆网路，导爆管与导爆索宜采用单股垂直搭接，即各根导爆管分别搭接

（可以将导爆管用水手结连在导爆索上）在单股导爆索上，相互之间分开，再将导爆索围成圈，组成环行起爆网路。硐室爆破中每个起爆体中的导爆管雷管数不得少于4个。

（8）只有所有人员、设备撤离爆破危险区，具备安全起爆条件，才能在主起爆导爆管上连接起爆雷管。

3.2.4.2 捆联网路的施工技术

现在最常用的导爆管起爆网路连接一种是捆联法，直接将导爆管捆扎在雷管上，如接力捆联网路、复式交叉网路等；另一种是插接法，将导爆管插接在联结件中，如网格式闭合网路等。捆联网路的施工要求如下：

（1）捆扎材料。捆联网路通常采用塑料电工胶布捆绑导爆管和雷管。塑料胶布有一定的弹性和黏性，能将导爆管紧紧地密贴在雷管四周。黑胶布弹性差，且易老化。

（2）捆扎导爆管根数。按导爆管质量要求，一支8号工业雷管可击发50根以上的导爆管。考虑目前导爆管的质量和捆绑时的操作特点，1发雷管外侧最多捆扎20根导爆管，复式接力式捆联网路中，每个接力点上2发导爆管雷管捆绑的导爆管应控制在40根以内。导爆管末端应露出捆扎部位15cm以上，胶布层数不得小于3层（有的厂家要求不少于5层）关键是捆扎时导爆管要均布在雷管四周，捆扎要密贴。

（3）雷管方向。雷管击发导爆管是靠其主装药部位。为防止金属壳雷管爆炸时，聚能穴部位的金属碎片在高速射流的作用下损伤捆绑在雷管四周的导爆管和延时雷管的气孔烧坏导爆管，应在金属壳导爆管雷管的底部先用胶布包严，再在其四周捆绑导爆管。金属壳导爆管雷管最好反向起爆导爆管，即导爆管雷管聚能穴指向导爆管传爆的反向，对非金属壳导爆管雷管，正向和反向捆绑均可。

3.2.4.3 网格式闭合网路的施工技术

网格式闭合网路连接以插接法为主，联结元件为套管接头、塑料四通接头和导爆管。在施工中，应注重连接技巧，提高连接质量。要连接成“四通八达”的网格式网路，就必须保证每个四通接头中至少有两根导爆管与其他接头相接，即每个接头至多只能接两个炮孔；网路中的网格应分布均匀。网路连接的施工要求如下：

（1）施工前应对导爆管进行外观检查。

（2）导爆管内径仅为1.35mm，任何细小的杂质、毛刺都可能将导爆管管口堵塞而引起拒爆。因此，施工前应检查使用的每一个接头，套管接头应没有漏气现象，塑料四通接头中不能有毛刺，接头内的杂质要清理干净。

（3）在插接导爆管前应用剪刀将导爆管的端头剪去一小截，并将插头剪平整。

（4）每个接头内的导爆管要插够数，要插紧，使用塑料四通接头时要加缩口金属箍。

（5）连接用的导爆管要有一定的富余量，不要拉得太紧，因为导爆管与接头采用的是插接法，稍许受力就可能脱开。

（6）防止雨水、污泥及其他杂物进入导爆管管口和接头内。在雨天和水量较大的地方最好不采用网格式网路，如在连接过程中遇到有水，则应将接头口朝下，离地支起，并做好防水包扎。

3.3　混合起爆法

工程爆破中为了提高起爆系统的准爆率和安全性，考虑到各种起爆材料的不同性能，经常将两种以上不同的起爆方法组合使用，形成一种准爆程度较高的混合网路。这种网路有两种以上起爆材料掺混使用，有的形成两套网路。混合网路常用的有三种形式：电-导爆管混合起爆网路；导爆索-导爆管混合起爆网路和电-导爆索混合起爆网路。有时电雷管、导爆管雷管和导爆索三者同时采用也间而有之。

（1）电-导爆管混合起爆网路。电-导爆管混合网路，拆除爆破使用较多，硐室爆破与其他爆破也有用的。例如 1985 年广州市省府招待所爆破拆除时，1.2 万发炮孔导爆管雷管，汇集成 320 个结点，再用电雷管起爆。1984 年沙溪口水电站厂房基坑开挖，采用电-导爆管混合网路，即由电雷管起爆炮孔内导爆管雷管，一次爆破 3 万 m^3，爆破孔 400 多个，分 60 余段起爆。

（2）导爆索-导爆管混合起爆网路。导爆索-导爆管混合网路使用较多。导爆管与导爆索的敷设方便，只要连接可靠，网路可靠性也较高。导爆管与导爆索连接应采用垂直连接：即将导爆管放在导爆索上，呈“十”字形，交叉点用胶布包捆好。交叉点到炮孔内的导爆管直而不紧。一定注意不要使被传爆的导爆管靠近导爆索上。图 3-22 所示就是一种导爆索-导爆管混合起爆网路图。炮孔内装入同段导爆管雷管，也可装入不同段雷管。山东威海的 ORLCA 公司常用同时间间隔的雷管实现等间隔微差爆破。

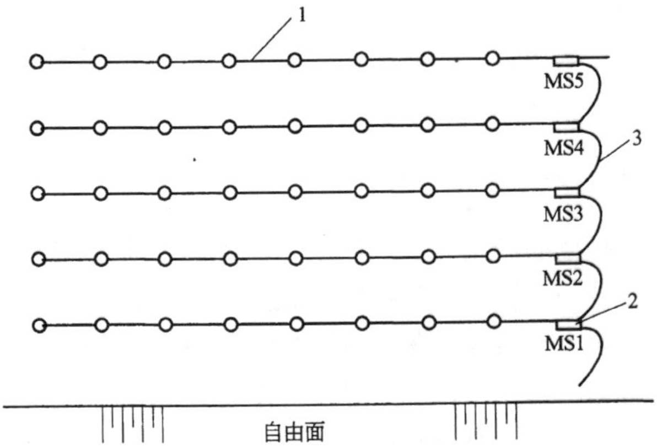

图 3-22　导爆索-导爆管混合起爆网路图

1—导爆索；2—导爆管雷管；3—导爆管

（3）电-导爆索混合起爆网路。此种网路，在深孔台阶爆破中也常用。如将图 3-22 所示的导爆管起爆雷管改换成相同段的电雷管即可。

3.4　其他起爆方法

3.4.1　电磁波起爆法

电磁波起爆法是为实施水中大规模遥控爆破而研究出来的一种起爆方法。这种起爆方法所使用仪器的关键部件是运用电磁感应原理制成的遥控装置。图 3-23 为这种起爆法的原理图。整个系统由振荡器、环形天线、接收线圈和起爆元件组成。振荡器和环形天线连在一起。环形天线用直径1mm的硬铜线盘绕6圈，围成直径约100m的环状，用浮子悬浮在爆破区域的水面上，接收线圈和起爆元件装成一体，设在炮眼口。当爆破指挥所接通振荡器后，它所产生的低频交流电电流流过环形天线时便会形成交变磁场，在接收线圈中感应，所产生的感应电动势，经整流器整流以后，变成直流电，并向电容器中充电。当电容器的充电电压达到额定值时，停止充电，电子开关闭合，将电容器与电雷管接通，储存于电容器中的电流便流入电雷管并引爆雷管和炸药。

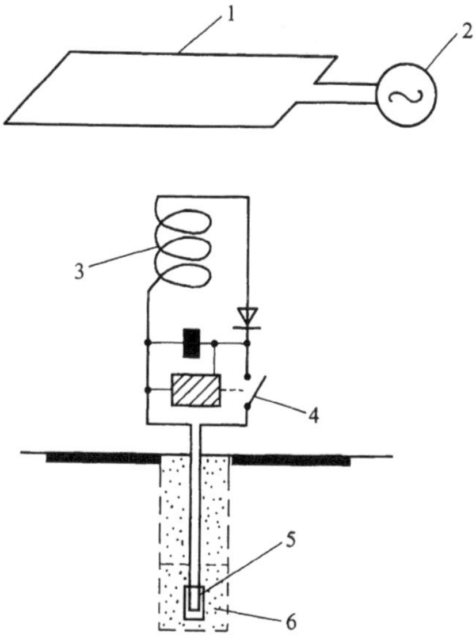

图 3-23 电磁波起爆装置原理图
1—环形天线；2—振荡器；3—接收线圈；4—电子开关；5—电雷管；6—炸药

电磁波起爆法的优点是：采用低频后发射机结构简单，造价低；接收线圈内不装电池，完全靠强力电磁波经检波器积分进行电压积累，结构简单，成本低，安全；穿透能力强，海水中可达到100m深。

缺点是：天线大，需浮在水面上，施工很不便。灵活性差；接受线圈抗干扰能力差，水下存在强电场时，可能误爆；需要产生强力电磁波，发射机功率要求大，因此机身笨重，移动不便。

3.4.2 水下声波起爆法

水对电磁波的吸收能力很强，然而水对声波的传递能力却要强得多，因此，现代水下爆破倾向于声波起爆。

图3-24为水下声波起爆装置原理图。安装在指挥船上的发射器通过伸入水中的送波器向水中发射超声波，水下炮眼口的接收器接收到超声波后，接通起爆装置的电源，引爆

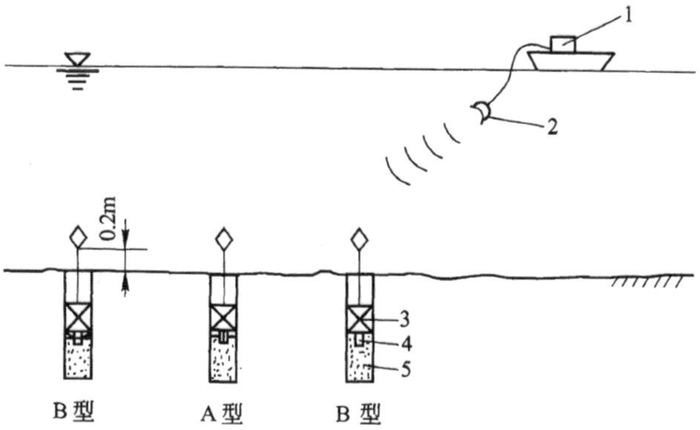

图 3-24 水下声波起爆装置原理图
1—声波发射器；2—送波器；3—起爆装置；4—电雷管；5—药包

药包。

这一系统的起爆元件分 A 型和 B 型两种，分别与电雷管及内藏电池连接好，装入水底炮孔内，将接收器引出孔外 0.2m 左右。声波通过水传到 A 型元件时，受波器接收信号后接通起爆装置的电源，电雷管起爆，引爆炮孔内药包，药包爆炸产生水下冲击波，当其压力达到 10MPa 时，使 B 型元件的受波器工作，引爆药包；B 型元件药包爆炸又引爆挨近的另外的 B 型元件药包，就这样引爆一大片。

水下声波起爆法的优点是：接收装置采用电子线路，抗干扰能力强，能避免误爆；接收装置有内藏电池，减轻了发射机的负担，便于携带；能穿透水深 100m，遥控距离达 1 ~ 2km。

其缺点是：超声波发射器和接收装置结构复杂且成本高。

水下声波起爆技术无需拉线，避免了深水水下拉线起爆技术上和施工中的许多困难，安全性和准爆可靠性大大增加，它对发展深水水下爆破技术有着十分重要的意义。

3.4.3　高能电磁感应起爆法

高能电磁感应起爆法的原理就是利用电流互感原理。这种起爆系统如图 3-25 所示，它由小型携带式起爆电源（即放炮器）、电爆破网路和带有小型磁环的电雷管所组成。起爆时，由起爆器输出数万赫兹的高频脉冲电流，流经爆破母线和辅助母线（相当于一次线圈），然后通过电磁转换器的磁芯，使电雷管短接的环形脚步线中产生几伏的感应电压而起爆雷管。

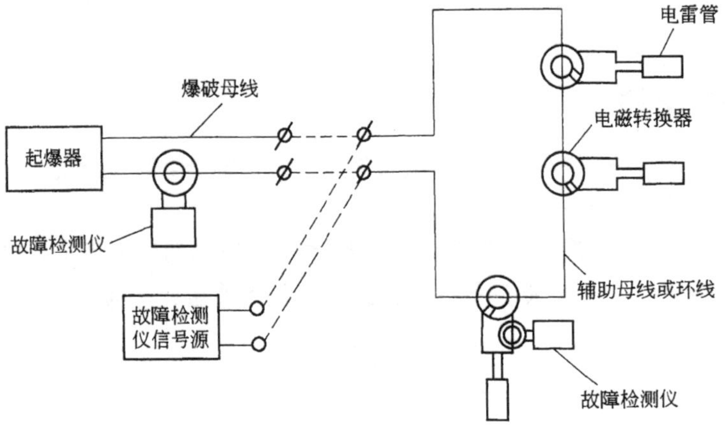

图 3-25　高能电磁感应起爆系统图

这种起爆系统由于带磁环的电雷管只接受放炮器输出的一定频率的交流电，工频电和其他频率的交流电对它不发生作用；同时在网路中电雷管一直处于短接状态，而且与放炮器没有直接的电联系，因此大大提高了该系统抗外来电的安全性。因此，它在水中和外来电干扰较严重的场合均能使用，大大扩大了电起爆法的适应性，是一种有广泛发展前途的起爆系统。

4 露天台阶中深孔爆破

4.1 露天开采概述

4.1.1 露天开采的特点及现状

4.1.1.1 露天开采的特点

矿床开采分为地下开采、露天开采和海洋开采。而露天开采又分为机械开采、人工开采、水力开采和挖掘船开采。

机械开采的露天矿是用一定的采掘运输设备，在敞露的空间里进行开采作业。为了采出矿石，需将矿体周围的岩石及其覆盖岩层剥掉，通过露天沟道或地下井巷把矿石和岩石运至地表。搬移土岩的生产过程称为剥离，开采矿石的生产过程称为采矿。露天开采是剥离和采矿的总称。

目前，我国年产铁矿石产量近2.5亿t，其中约75%是用露天开采的。有色金属矿山露天开采的约占50%。而冶金辅助原料矿山和建筑材料矿山全部采用露天开采。近年来，国外露天开采的比例也在增加，如在美国，铁矿石露天开采占96%，有色金属矿露天开采占88%。

A 广泛应用露天开采的主要原因是它比地下开采有着突出的优点

(1) 受开采空间限制小，可采用大型机械设备，有利于实现自动化生产，从而可大大提高开采强度和矿石产量。例如目前世界上最大的露天煤矿年产量可达5000万t左右，最大的露天铁矿年产量已超过6000万t。

(2) 资源回收率高。一般矿石损失率为3%~5%，贫化率为5%~8%。

(3) 劳动生产率高。露天开采由于作业条件好，机械化程度高，其劳动生产率比地下开采高5~10倍。

(4) 生产成本低。露天开采的成本一般比地下开采低50%~75%，因而有利于大规模开采低品位矿石。

(5) 开采条件好，作业比较安全。

B 露天开采的主要缺点

(1) 占用土地多，地表受到破坏，污染环境。

(2) 受气候影响大。如严寒、冰雪、酷热和暴雨等对露天开采有一定影响。

(3) 对矿床的埋藏条件要求严。埋藏较深的矿床，露天开采范围受到限制。

4.1.1.2 露天开采的现状

我国露天开采的铁矿石、有色金属矿石和冶金辅助原料矿石的发展较快，化工及建材系统多数属中小露天矿。

现有生产露天矿采用的开采程序都较单一，主要为缓解工作帮全境界开采方式。铁矿和煤矿绝大多数采用工作线呈平行走向布置，垂直走向推进的纵向开采方式，少数露天铁矿采用工作线沿走向推进横向开采方式；有色矿山部分纵向开采，部分横向开采；少数金属露天矿采用分期开采和分区开采。

露天矿开拓的核心问题是运输方式。目前采用的开拓方法主要有铁路运输、公路运输、铁路与公路联合运输、平硐溜井、汽车箕斗联合运输、汽车破碎机带式输送机运输等。

穿孔是坚硬矿岩露天矿的主要生产环节之一。目前我国金属矿山主要采用孔径250mm的牙轮钻和孔径200mm潜孔钻。部分矿山使用孔径310mm的牙轮钻和孔径250mm潜孔钻。矿岩硬度比较大的露天矿，有用牙轮钻替代现有潜孔钻的趋势。

近年来，我国露天矿在爆破技术和新型炸药研制方面取得较大进展。在爆破技术方面推广应用大区微差爆破、压碴爆破、减震爆破和光面爆破。在露天矿基建剥离时，成功地进行了万吨级大爆破和数十次百吨级和千吨级的大爆破，掌握了在各种复杂条件下进行松动爆破、抛掷爆破及定向爆破的技术。炸药加工方面，研制成功了多种铵油炸药、多孔粒状铵油炸药、乳化炸药和防水浆状炸药。

我国大、中、小型露天矿一般采用1～4.6m^3挖掘机进行采装。这种挖掘机对大型露天矿来说，显然规格小，效率低，全年效率一般为100～120万t。目前少数大型露天矿采用6m^3和7.6m^3挖掘机装载，全年效率可达400万t左右。

露天矿铁路运输采用重80t、100t和150t电机车和载重60t的翻斗车。汽车运输一般采用载重20～40t级的自卸汽车。少数矿山采用了100t级的电动轮汽车。个别矿山还引进了170t的载重汽车。

4.1.1.3　露天开采技术发展方向

目前国外露天矿装备水平比较高。穿孔设备在大型矿山主要用牙轮钻，孔径一般为310～380mm，最大为440mm。装载设备主要用单斗挖掘机，大多数斗容为11.5m^3左右。前端装载机在大型露天矿多作为辅助设备用于清理工作面，临时替代挖掘机作业。运输设备主要用汽车运输，铁路运输所占比例很小。普遍采用载重为85～120t级以上的电动轮汽车，150～170t级的电动轮汽车也在推广应用。我国今后露天开采的技术发展方向是：

（1）开采规模大型化。发展一批年产1000～3000万t矿石的露天铁矿、有色金属露天矿和露天煤矿。

（2）工艺设备大型化。为适应开采规模的大型化，必须采用大型露天设备，如孔径300mm以上的牙轮钻机，斗容10～23m^3的挖掘机，载重100～170t及以上的电动轮汽车，大型轮斗挖掘机和与之配合的带宽1.2～3.0m、速度3～5m/s的带式输送机和排土机等。

（3）工艺连续化及半连续化。在露天煤矿中尽量发展连续开采工艺或半连续开采工艺，对于坚硬矿岩的金属露天矿，国外正在扩大应用汽车—破碎机—带式输送机的半连续开采工艺，这对我国一些深凹露天矿的改建也是一种行之有效的工艺方式。

（4）开拓方式多样化和强化开采。由于今后露天矿运输已基本不再采用单一铁路运输，因此开拓方式将随运输方案不同而因地而异的多样化。开采顺序也不局限于单一的纵向布置，也可采用加大工作线推进强度的横向布置、组合台阶分区开采和分期开采等方式，以达到见矿快，均衡生产剥采比和提高企业经济效益等目的。

4.1.2 露天采矿场构成要素

根据矿床埋藏的地形条件，露天矿分为山坡露天矿和凹陷露天矿。它们是以露天开采境界封闭圈划分的。封闭圈以上为山坡露天矿，封闭圈以下为凹陷露天矿。

露天开采所形成的采坑、台阶和露天沟道的总和称为采矿场。

4.1.2.1 台阶构成要素

露天开采时，通常是把矿岩划分成一定厚度的水平分层，自上而下逐层开采，并保持一定的超前关系，在开采过程中各工作水平在空间上构成了阶梯状，每个阶梯就是一个台阶或称为阶段。台阶是露天采矿场的基本构成要素之一，是进行独立剥离和采矿作业的单元体。台阶构成要素如图 4-1 所示。

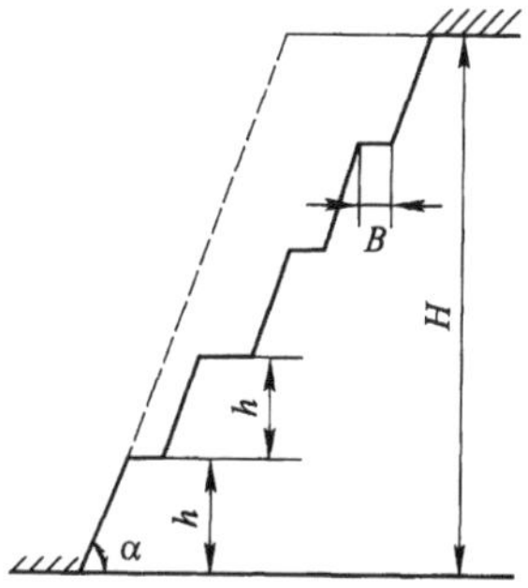

图 4-1 露天台阶基本构成要素
H—分段高度；h—小台阶高度；
B—分层平台宽度；α—台阶坡面角

台阶朝向采空区一侧的倾斜面称为台阶坡面。它与水平面的夹角称为台阶坡面角；台阶上部平台与坡面的交线称为坡顶线；台阶下部平台与坡面的交线称为坡底线；台阶上部平台与下部平台间的垂直高度称为台阶高度。

一般 H 为分段高度，视现场条件而定，通常在 6 ~ 30m 为宜；α 为台阶坡面角，在 70° ~ 75°之间；h 为小台阶高度，根据凿岩设备而定；B 为分层平台宽度，3 ~ 4m。

开采时，将工作台阶划分成若干个条带逐条顺序开采，每一个条带称为采掘带。各台阶上部平盘和下部平盘是相对的，一个台阶的上部平盘同时又是其上一个台阶的下部平盘。台阶的命名，通常是以开采该台阶的下部平盘（即装运设备站立平盘）的标高表示。

4.1.2.2 采场的构成要素

露天矿采场构成要素如图 4-2 所示。由结束开采工作的台阶平台、坡面和出入沟组成的露天采场的四周表面称为露天矿场的非工作帮或最终边帮。

正在进行开采和将要进行开采的台阶所组成的边帮称为露天矿场的工作帮，工作帮的位置是不固定的，它随开采工作的进行而不断改变。

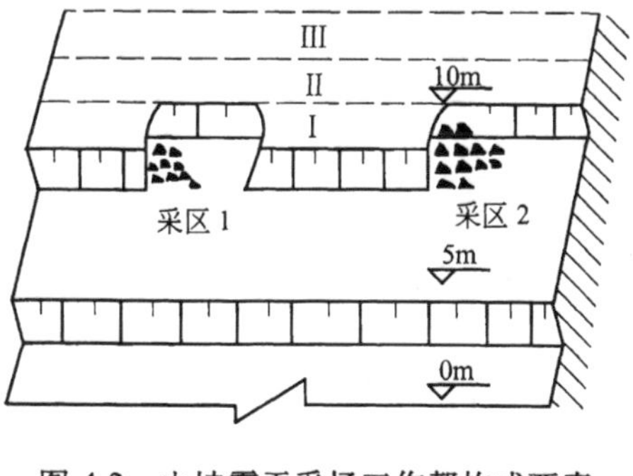

图 4-2 山坡露天采场工作帮构成要素

通过工作帮最上一个台阶坡底线与最下一个台阶的坡底线所作的假想斜面，称为工作帮坡面。工作帮坡面与水平面的夹角称为工作帮坡角。工作帮的水平部分称为工作平盘。即台阶构成要素中的上部平盘和下部平盘，它是用以安装设备进行穿孔爆破、采装和运输工作的场地。

最终帮坡角和工作帮坡角在露天矿设计和生

产中有十分重要的意义，其大小直接影响露天开采境界和露天矿的生产能力。

工作帮上部的平台，按其用途可分为安全平台、运输平台和清扫平台。

安全平台是用作缓冲和阻截滑落的岩石，同时还用作减缓最终帮坡角保证最终边帮的稳定性和下部水平的工作安全。宽度一般为台阶高度的1/3。

运输平台是作为工作台阶与出入沟之间的运输联系的通路。它设在与出入沟同侧的非工作帮和帮沟上，其宽度依所采用的运输方式和线路数目决定。

清扫平台是用作阻截滑落的岩石，并用清扫设备进行清扫。它又起安全平台的作用。每隔2～3个台阶在四周的边帮上设一清扫平台，其宽度依所采用的清扫设备而定。

4.2 地质条件

4.2.1 地质条件对爆破的影响

露天矿山开采大都采用中深孔爆破，它比药壶爆破的能量分布均匀，爆破大块率低，块度均匀，机械化程度高，通过微差爆破可降低爆破地震等危害，中深孔爆破在某些方向也受地质条件的影响。

4.2.1.1 爆破与地形临空面有密切关系

钻孔的延长方向平行于临空面比垂直于临空面的爆破效果要好，如图4-3*a*所示，炮孔垂直于唯一的临空面只能炸成一个小漏斗，图4-3*b*中药柱可将炮孔与临空面间的岩体爆破，显然爆破范围要比前者大。这就是露天深孔爆破采用台阶梯段爆破的原因之一。

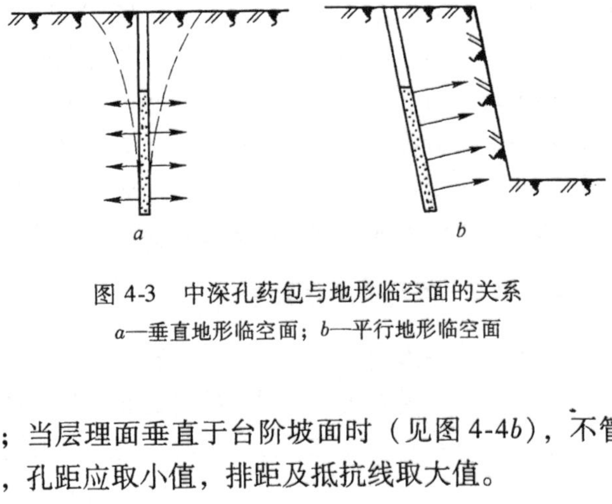

图4-3 中深孔药包与地形临空面的关系

a—垂直地形临空面；*b*—平行地形临空面

4.2.1.2 布孔时要充分考虑岩层产状

如图4-4所示，当岩层的层理面平行于台阶坡面时（见图4-4*a*），孔距应取大值，而排距与抵抗线应取小值；当层理面垂直于台阶坡面时（见图4-4*b*），不管其产状是直长的、水平的，还是倾斜的，孔距应取小值，排距及抵抗线取大值。

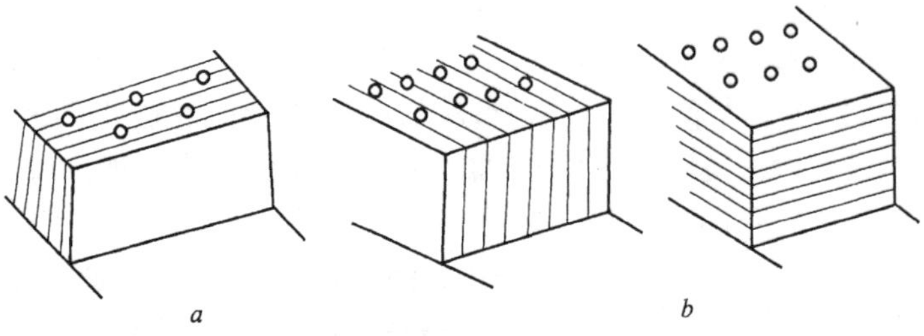

图4-4 孔排距与岩层产状的关系

4.2.1.3 超钻与岩性和岩层产状

为克服炮孔底部岩石的夹制作用，一般要采用超钻。岩体坚硬完整时超钻值大点，岩体软弱时可小点或不超。另外还要充分考虑岩层产状，如图 4-5 所示，当岩层倾向台阶面外时，不易留根底，超钻值可小些或不超；当岩层向台阶面里倾斜时，容易留根底，应多超或补底眼，当岩层为水平时或台阶底有软层界面时，可以不超钻。

4.2.1.4 深孔光面预裂爆破受岩性及地质结构的影响很大

在坚硬完整的岩体中进行光面爆破、预裂爆破，其效果都比较好，形成坡面平整性好，坡面上留下的半壁孔清楚、整齐；对软弱破碎的岩体，光面、预裂爆破一般不易达到预想目的。此外结构面会影响预裂爆破的效果，如图 4-6 所示，由于存在 X 型节理，使预裂爆破后形成锯齿状坡面。

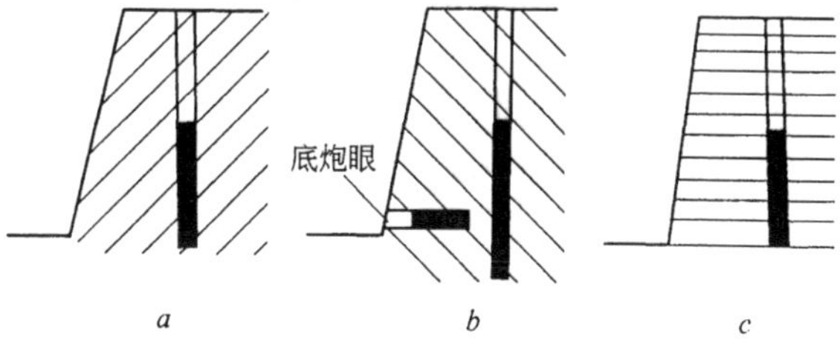

图 4-5 超钻与岩层产状的关系图
a—层理向外倾，b—层理向里倾；c—水平层理

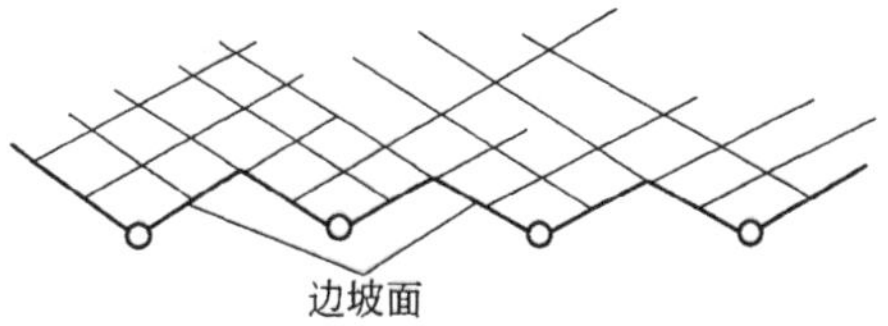

图 4-6 节理对预裂边坡的影响

4.2.2 地质条件对边坡的影响

爆破后的边坡稳定不仅影响着后期生产施工的安全及工程的质量，而且还是一项重要的环境问题。如果产生滑坡，将会危及安全生产，甚至危及周围的人民生活。所以在爆破施工设计时，就要详细了解爆区工程地质条件，合理选取爆破施工参数，以达到边坡稳定性的要求。

下面介绍几种地质构造对爆后边坡稳定性的影响，以利于在爆破设计时对边坡的稳定给予充分考虑。

（1）断层与爆破后边坡稳定性的关系。断层对爆后边坡稳定性的影响取决于以下因素：断层的产状与预留边坡走向及边坡坡度的关系；断层带的宽度、破碎程度、胶结程度；断层与药包位置的关系。其中断层产状与边坡走、倾向的关系起主要作用。当断层的走向与边坡走向大致平行，断层倾角与预留边坡坡度接近（在 ±10°以内），且倾向一致时，药包布置在断层前面，如图 4-7 中的药包 1 号，爆破时，断层对于减弱边坡岩体的破坏起有利的作用；如果药包布置在断层后面，如图 4-7 中的药包 2 号，则爆破后容易在边坡上形成悬石或危石。当断层走向与边坡走向的交角小于 40°，断层倾向与边坡倾向一致，断层的倾角

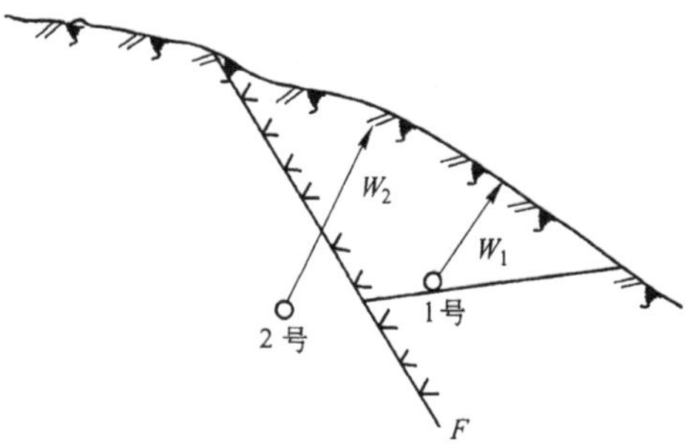

图 4-7 平行于边坡的断层对边坡稳定性的影响

在15°～55°之间，或者倾向与边坡相反，断层的倾角在70°～90°之间，爆破对边坡稳定都有相当程度的不良影响。

（2）层理对爆后边坡稳定性的影响。层理的产状与边坡坡面的关系决定着影响程度的大小，当岩层的走向与边坡坡面的夹角小于40°，岩层倾向与边坡的相同，倾角在15°～50°之间的产状是不利于边坡稳定的，此种情况下可能产生危石、崩塌，甚至顺层滑坡；当岩层走向与边坡走向的交角小于20°，岩层倾向与边坡的相反，倾角在70°～90°之间时也不利于边坡稳定。遇到上面两种情况，尽可能采用控制爆破方法开挖边坡。当层理的走向与边坡走向大致平行，岩层倾向和倾角与边坡一致时或倾角大于边坡坡度时，对爆破后边坡稳定是有利的，其他未提到的产状对爆破后边坡稳定一般无不良影响。

（3）褶曲对爆破后边坡稳定的影响。其影响程度与褶曲轴线相对于边坡的位置有关，当褶曲轴线与边坡走向交角小或平行时，在岩性差异大和边坡高陡的情况下，是不利于爆后边坡稳定的。若褶曲的构造轴线与边坡走向交角大或接近垂直，则褶曲对爆破后边坡的稳定性没什么影响。但要注意褶曲处岩石破碎性对工程施工安全性的影响。

（4）节理裂隙对爆后边坡的影响。节理对边坡的影响与节理的发育程度、节理组数、主节理的产状有关。当岩体受一组节理切割时，其对边坡的影响与层理的影响类似；两组相互交割的节理对爆破后边坡稳定一般来说是不利的，尤其是有一组节理的产状不利于边坡稳定时，爆后边坡容易产生危石和坡面塌落。

（5）爆破对岩堆及滑坡体稳定性的影响。在爆破作用范围内，斜坡上的悬石、岩堆或在滑坡体受到爆破震动的影响，有的可能当时没有明显的活动，但日后经自然营力的作用如风化、雨水冲刷等可能会产生塌落或滑落，所以在爆破设计和施工时要引起注意。

总之，在国民经济高速发展的今天，提高劳动生产率、缩短工期固然很重要，但在工程的设计和施工时要有长远观点，保证爆破后边坡的安全稳定，以防后患。

4.3　露天台阶爆破

4.3.1　露天小台阶爆破

按照“乡镇露天矿场安全生产规定”，各类矿场必须遵循“采剥并举、剥离先行、贫富兼采”的原则，按照由上而下的开采顺序，分成水平台阶正规开采。各作业水平台阶应保持一定的超前距离。严禁从下部不分段掏采。

矿场台阶高度、台阶坡面角和最小平台宽度应根据矿岩性质、采剥方法、穿爆方式和采、装、运设备的要求确定。机械开采时，按设备性能确定台阶高度，但一般不得超过15m。坚硬稳固矿岩，工作台阶坡面角不得大于75°。采剥工作面禁止形成伞檐、根底和空洞，台阶工作平台应保持平整。最小平台宽度，必须保证运输和安全要求。

露天小台阶是指采用小型施工机械进行的台阶高度5～8m的露天台阶开采，其爆破是在露天矿场的台阶（也称梯段）上进行的，每个台阶至少有倾斜和水平的两个自由面。在水平面上进行爆破施工作业，爆破岩石朝着倾斜自由面的方向崩落，然后形成新的倾斜台阶坡面。炮孔及坡面剖面图如图4-8所示，$W_{底}$为底盘抵抗线，即药包中心到坡底部的距离，是爆破阻力最大的地方。h为炮孔超深，又叫超钻。其作用是用来克服台阶底盘岩石的夹制作用，使爆破后不留残根，而形成平整的底盘。超深选取过大，将造成钻孔和炸药的浪费，增大对下一个台阶顶盘的破坏，使下台阶钻机穿孔时易塌孔；并且会增大爆破地震波的强度；超深不足将产生根底或抬高底盘的标高，而影响装运工作。

（1）炮孔布置。根据一次爆破量的多少可布置单排孔和多排孔，炮孔排列可以是平行的，即呈矩形或方形，也可是交错的，即呈菱形，具体方法可依据岩石性质和地形条件确定，图4-9为炮眼布置的简单形式。

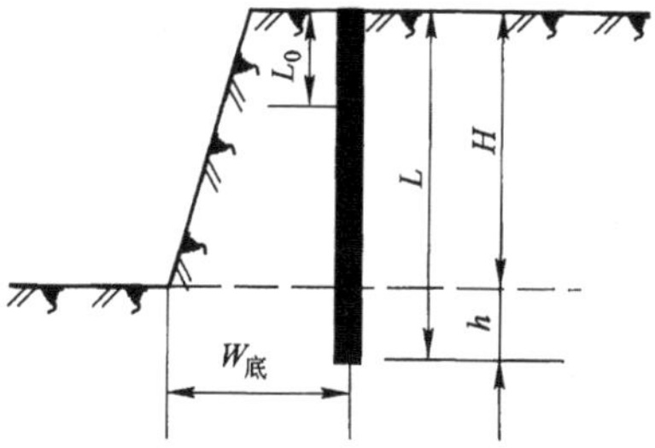

图4-8　露天小台阶坡面及炮孔

L_0—炮孔堵塞长度；L—炮孔深度；h—超深；H—台阶高度；$W_{底}$—底盘抵抗线

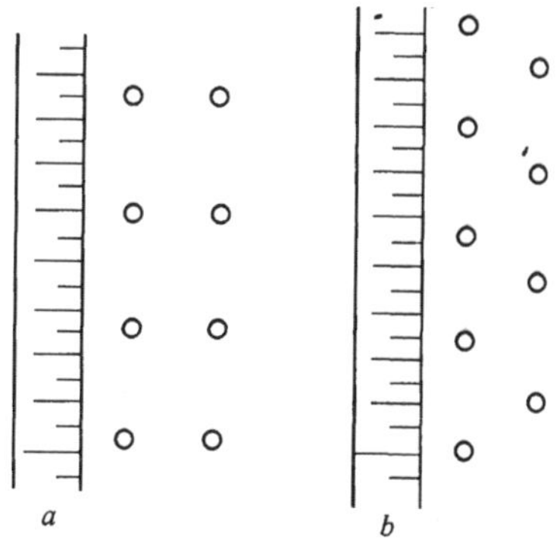

图4-9　露天小台阶爆破的炮孔排列方式

a—矩形排列；b—菱形排列

（2）爆破参数的确定。爆破参数应根据施工现场的具体条件和类似条件施工地区的经验选取，并通过实践检验加以修正，以取得最佳参数值。

1）最小抵抗线。根据体积法计算装药量原理及单眼装药条件

$$W = d\sqrt{\frac{\pi C\rho}{4mq}} \tag{4-1}$$

式中　W——最小抵抗线；

d——炮眼直径；

C——装药系数，$C=0.8\sim1.4$；

ρ——炮孔装药密度；

m——炮孔邻近系数，$m=a/W$（a为炮孔间距）；

q——单位炸药消耗量。

最小抵抗线也可按下式确定：

$$W=(25\sim40)d \tag{4-2}$$

或

$$W=(0.5\sim0.9)H \tag{4-3}$$

式中　d——炮眼直径；

H——台阶高度。

2）炮孔直径和孔深。小台阶爆破的炮孔直径一般不超过80mm，受所采用凿岩钻头的限制。孔深在软岩中可采用：$L=H$，即眼深与台阶高度相同。

当岩石硬度较大、炮孔排数较多时，后排炮孔超深应增加。眼深可用下式：

$$L = (1.1 \sim 1.5)H \tag{4-4}$$

3）炮孔间距：

$$a = (0.8 \sim 2)W \tag{4-5}$$

排间距：

$$b = (0.8 \sim 1.0)a \tag{4-6}$$

4）炸药单耗和单个炮孔药量计算：

炸药单耗可参考类似爆区选取，也可参照表 4-1 选取。

表 4-1　露天小台阶爆破铵油炸药单耗

矿岩坚固性系数 f	1～3	3～6	6～8	8～12	10～12	12～16	16～20
铵油炸药单耗/$kg \cdot m^{-3}$	0.2	0.3	0.33	0.34	0.36	0.38	0.44

装药量的计算可按体积法，如下式：

前排单孔装药量

$$Q = qW_{底}aH \tag{4-7}$$

后排单孔装药量

$$Q = qbaH \tag{4-8}$$

近年来，小抵抗线大孔距的方法应用很多，实践证明，这种方法在不增加单位炸药消耗量的条件下，可大大改善爆破质量，值得推广借鉴。

4.3.2　露天深孔台阶爆破

随着深孔钻机和大型装运设备的不断完善，爆破技术的不断提高和爆破器材的日益发展，深孔爆破在改善和控制爆破质量、提高设备效率和经济效益方面的优越性越来越显著，因此，这种方法在矿山开采、港口建设、铁道和公路路堑及水电工程等方面的应用日益广泛。

所谓深孔是指孔径大于 50mm 孔深超过 5m 的钻孔。露天深孔一般指台阶高度超过 8m，但不超过 15m（个别情况最大放宽到 20m）的炮孔，深孔爆破一般在台阶上或事先平整的场地上进行，要求要全面改善爆破质量，改善爆破技术经济指标，降低爆破工程的总成本。

4.3.2.1　钻孔形式与布孔方式

深孔爆破钻孔形式一般分为垂直孔和倾斜孔两种，如图 4-10 所示。

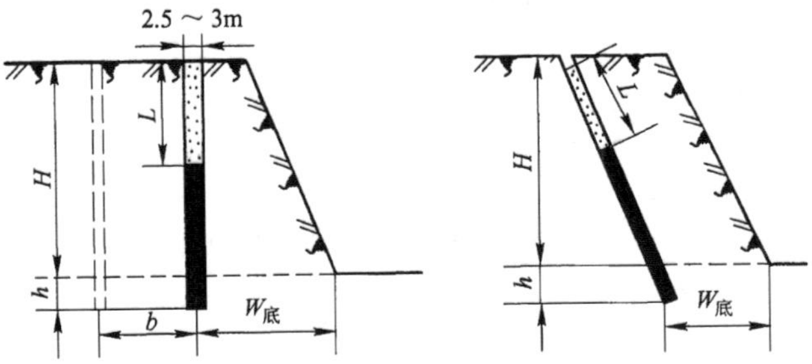

图 4-10　露天深孔布置

H—台阶高度；h—超深；$W_{底}$—底盘抵抗线；L—堵塞长度；b—排距

从爆破效果来看，斜孔优于垂直孔，主要是斜孔的抵抗线均一；但钻凿斜孔的技术操作比较复杂，孔的长度相应比垂直孔长，而且装药过程中易发生堵孔，所以在大型露天矿山开采中，广泛采用垂直孔。

多排孔布置中深孔排列的形式有多种，归纳起来主要有两大类，即三角形和矩形布孔。布孔排列形式虽然比较简单，但按不同的起爆顺序对炮孔进行组合，可以得到多种形式。

A 逐排起爆

这是最基本的排列形式。从平面上看，可以是三角形或矩形布孔，如图 4-11 所示。但在工作线较长时，每排同段药量过大，容易造成爆破震动危害。

B V 形起爆

如图 4-12 所示，特点是向自由面抛掷作用较小，多用于微差挤压爆破，有利于破碎矿岩，实际应用中变形较多。

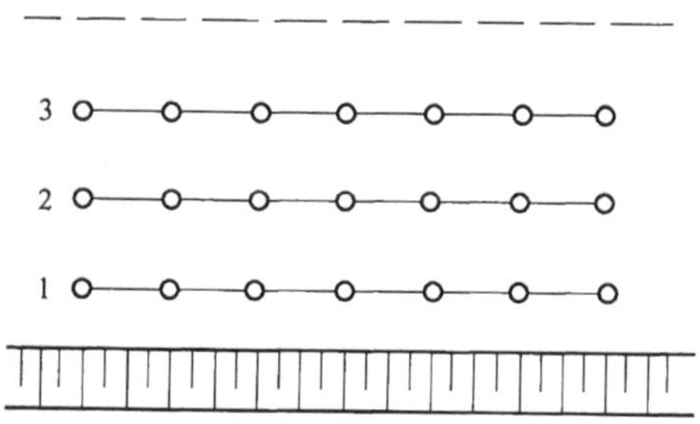

图 4-11 逐排起爆

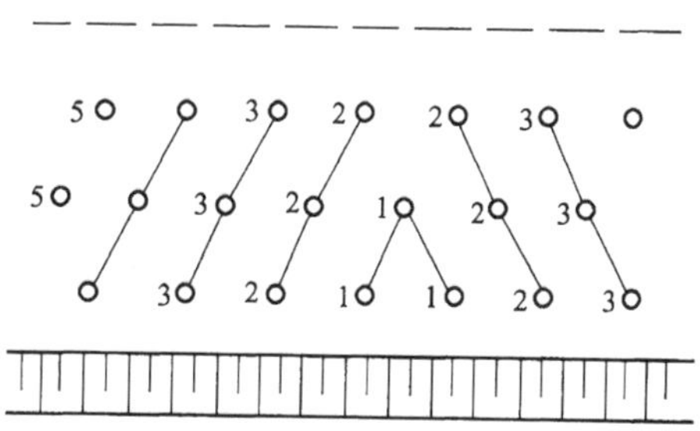

图 4-12 V 形起爆

C 斜线起爆

向自由面抛掷作用较小，有利于横向挤压。多用于爆区的端部，如果工作线特长，雷管段数又不敷应用时，采用斜线起爆比较有利，如图 4-13 所示。

以上三种是基本布孔起爆方式，实际工作中可根据具体情况，由此几种方式混合使用。

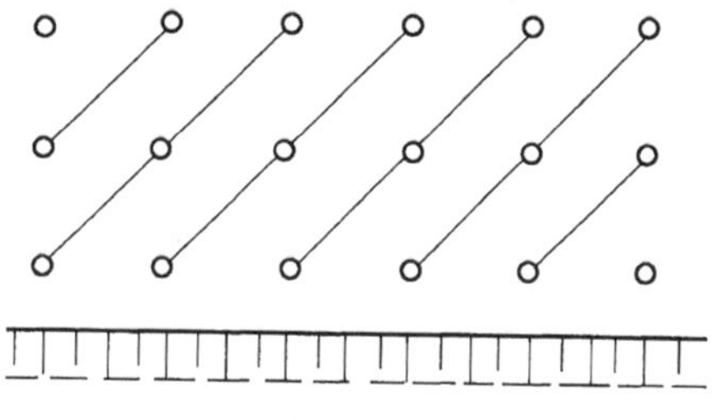

图 4-13 斜线起爆

4.3.2.2 露天台阶深孔爆破参数

A 孔径

露天深孔爆破的孔径主要取决于钻机类型、台阶高度和岩石性质。当采用潜孔钻机时，孔径通常为 100 ~ 200mm，牙轮钻或钢绳冲击钻时，孔径为 250 ~ 310mm。一般钻机选型后，炮孔直径也就固定下来；孔径越大，越有利于炸药的稳定传爆和达到理想爆轰，有利于充分释放炸药能量从而提高延米爆破量。

B 孔深

孔深由台阶高度和超深确定。台阶高度主要考虑为钻孔、爆破和铲装创造安全和高效率的作业条件，一般由铲装设备选型和矿岩开挖技术来确定。多采用 10 ~ 12m 台阶，也有采用 15 ~ 20m 高台阶的。

经验表明，超深可按下式确定。

$$h = (0.15 \sim 0.35) W_{底} \tag{4-9}$$

式中　h——炮孔超深，m；

$W_{底}$——底盘抵抗线，m。

当岩石松软，层理发达时可取小值。如台阶底盘处有水平裂隙或软夹层等地质结构，则甚至不用超深或取负值。

C　底盘抵抗线

底盘抵抗线是指从台阶坡底线到第一排孔中心轴线的水平距离。它是一个重要的爆破参数，过大的底盘抵抗线会造成根底多、大块率高、后冲作用大；过小则不仅浪费炸药、增大钻孔工作量，而且易产生飞石危害。底盘抵抗线的大小同炸药威力、岩石可爆性、岩石破碎块度要求以及钻孔直径、台阶高度和坡面角等因素有关。根据钻机安全作业要求：

$$W_{底} \geqslant H\cot\alpha + B \tag{4-10}$$

式中　H——台阶高度；

α——台阶坡面角，一般 $\alpha = 60° \sim 75°$；

B——从深孔中心到坡顶线的安全距离，$B \geqslant 2.5 \sim 3.0$m。

按每孔可以装入药量的条件，则：

$$W_{底} = D\sqrt{\frac{7.85\Delta\tau}{mq}} \tag{4-11}$$

式中　D——孔径，cm；

Δ——炮孔装药密度，kg/cm^3；

τ——装药系数，装药长度与孔深的比值；

m——炮孔密集系数，$m = a/W_{底}$（a 为孔间距）；

q——炸药单耗，kg/m^3。

D　孔距与排距

孔距 a 是指同一排中相邻两孔中心线的距离，可按下式求得：

$$a = mW_{底} \tag{4-12}$$

炮孔密集系数 m 一般大于 1.0，随着大孔距爆破技术的推广应用，m 可扩大到 3～8。

排距是指多排孔爆破时，相邻两排孔之间的距离。

E　堵塞长度

堵塞长度关系到堵塞工作量的大小、炸药能量利用率和空气冲击波的危害程度。合理的堵塞长度应能防止爆炸气体产物过早地冲出孔外，使破碎更加充分。经验表明，堵塞长度同孔径有关，是孔径的 12～32 倍，视岩石和炸药性质而定。

F　每孔装药量

在合理选取其他爆破参数的条件下，每孔装药量为：

$$Q = qaHW_{底} \tag{4-13}$$

式中　q——单位炸药消耗量，kg/m^3；

a——炮孔间距，m；

H——台阶高度，m；

$W_{底}$——底盘抵抗线，m。

当选用2号岩石硝铵炸药为标准时，可按表4-2选取。

表4-2 单位炸药消耗量q值表

岩石坚固性系数	0.8~2	3~4	5	6	8	10	12	14	16	20
q值/kg·m^{-3}	0.40	0.43	0.46	0.50	0.53	0.56	0.60	0.64	0.67	0.70

多排孔爆破时，后排孔应取q值的1.1~1.3倍，微差爆破可取小值。

4.3.2.3 微差爆破

微差爆破又称毫秒爆破。它是以毫秒级的时间间隔，在炮孔间或排间按一定顺序起爆的一种起爆方法。由于前后起爆的相邻药包爆炸时间间隔极短，致使各药包造成的能量场相互发生影响而产生良好的爆破效果。首先它可以减弱爆破地震效应；其次，还可以改善破碎质量、降低炸药单耗、减少后冲、爆堆比较集中等优点。因此，它已经成为露天矿采剥作业爆破的一种主要方法。

A 微差爆破作用原理

由于相邻炮孔起爆的间隔时间很短，在爆破过程中存在着复杂性的相互作用。其主要作用原理是先爆孔为相邻的后爆孔增加新的自由面，应力波的相互叠加作用和岩块之间的碰撞作用，使被爆岩体获得良好的破碎，并相应提高了炸药能量利用率，如图4-14所示。

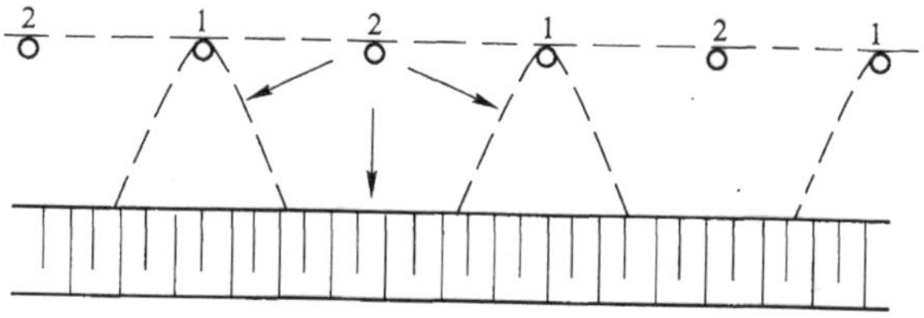

图4-14 露天台阶单排孔微差爆破

1—第一起爆段；2—第二起爆段

B 微差间隔时间的确定

确定合理的微差间隔时间，对改善爆破效果与降低地震效应具有重要作用。确定间隔时间时主要考虑岩石性质、布孔参数、岩体破碎和运动特征等因素。间隔时间过长则可能造成先爆孔破坏后爆孔的起爆网路；过短则后爆孔可能因先爆孔未形成新自由面而影响爆破质量。由于对微差爆破机理尚无定论，所以间隔时间的选取一般按下列经验公式确定：

$$\Delta t = KW_{底} + \frac{L}{v_e} \tag{4-14}$$

式中 Δt——微差间隔时间，ms；

K——系数，为2~4ms/m；

$W_{底}$——台阶底盘抵抗线，m；

L——裂缝宽度，m，取0.01m；

v_e——裂缝开裂速度，m/ms。

一般爆破工作中，实际上采用的微差间隔时间为15~75ms；排间微差时可取长，以保证破碎质量和改善爆堆挖掘条件以及减少飞石后冲。

4.4　光面爆破和预裂爆破

炮孔内的炸药爆炸时，产生强大冲击波和高温高压气体，它们作用在孔壁岩石上，会使周围岩体破碎或开裂。在有些情况下要对炸药的这种破坏作用进行适当的控制，如露天矿靠帮处、建筑物基坑、路堑及沟槽的开挖、隧道及地下建筑物的掘进等，一方面要求爆破开挖的边界要尽量与设计的轮廓相符合，不能出现超挖或欠挖，同时也要求预留边界上的岩体尽可能保持完整无损。预裂爆破和光面爆破就是为达上述目的而逐渐发展起来的爆破技术。

控制开挖轮廓的爆破作业，可以在设计开挖范围内的岩体爆破之前进行，也可以在其后进行。前者称为预裂爆破，预先沿设计轮廓线钻眼爆破而形成一条预裂缝；后者称为光面爆破，在设计开挖范围内的岩体崩落以后，再爆破轮廓线。

预裂爆破和光面爆破不同于普通爆破之处还在于：它们一般采用弱装药结构，或低威力、低爆速的炸药。减弱炸药对孔壁的冲击压力。

4.4.1　光面爆破

光面爆破一般多应用于地下工程（巷道）的开挖，也可用于地面开挖工程，关键是在主爆前岩体爆破开挖时形成良好的自由面。当光面爆破炮孔与开挖主爆孔用迟发雷管分段起爆时，只能在巷道开挖中取得较为满意的效果，其他场合并不理想，这就需要将光爆孔与邻接的主爆孔分开爆破，从而增加了施工的复杂性。

光面爆破的周边孔即光爆孔，周边孔与最外层主爆孔之间的一圈岩石层称为光爆层。光爆层的厚度即为光爆孔的最小抵抗线值 W。

光面爆破参数是确保光面爆破质量的关键，目前光面爆破参数设计计算有公式计算法，直接试验法，经验类比法和模型试验法等，常用的是理论计算法结合本地区及其他地区的工程经验来确定自己的光爆参数。

4.4.1.1　装药不耦合系数的计算

不耦合装药的不耦合系数为炮眼直径与装药直径之比值。

A　径向不耦合装药

炸药在炮孔中爆炸后的平均冲击压力为：

$$p = \frac{\rho_0 D^2}{8}\left(\frac{d_c}{d_b}\right)^6 n \tag{4-15}$$

使此冲击压力小于体积应力状态下的岩石的抗压强度，即 $p \leqslant K_b S_c$（K_b 为体积应力状态下岩石抗压强度增大系数，$K_b = 10$，S_c 为岩体的单轴抗压强度）。由此可得装药不耦合系数：

$$K = \frac{d_c}{d_b} \geqslant \left(\frac{n\rho_0 D^2}{8K_b S_c}\right)^{1/6} \tag{4-16}$$

式中　d_c——药卷直径；

d_b——炮孔直径；

ρ_0——炸药密度；

n——爆生气体与眼壁碰撞时的压力增大系数，$n=8\sim10$；

D——炸药爆速，一般为 3000 ~ 3500m/s。

上式适用于标准药卷直径 ϕ32mm 的光爆专用炸药。

B 轴向不耦合装药

如果采用空气间隔装药，炮眼壁上的冲击压力为：

$$p=\frac{\rho_0 D^2}{8}\left(\frac{d_c}{d_b}\right)^6\left(\frac{L_c}{L_c+L_a}\right)n \tag{4-17}$$

式中，$L_c+L_a=L_b$（L_b为炮眼长度）；L_c为装药长度；L_a为空气间隔长度。

当 $p\leqslant K_b S_c$时，每米装药长度为：

$$L_m=\frac{8K_b S_c}{n\rho_0 D^2}\left(\frac{d_b}{d_c}\right)^6 \tag{4-18}$$

4.4.1.2 炮眼间距 a 的计算

在应力波和爆生气体的共同作用下，使两炮眼之间裂缝贯穿，以起到屏蔽作用，防止围岩遭受破坏，炮眼间距 a 可按下式计算：

$$a=2R_k+\left(\frac{r_b p_b}{S_t}\right)^{\alpha} \tag{4-19}$$

式中 R_k——每个炮眼产生的裂隙长度，$R_k=\left(\frac{bp_2}{S_t}\right)^{1/2}r_b$；

r_b——炮孔半径；

b——切向应力和径向应力的比例系数，$b=(\mu/L-\mu)=0.33$；

μ——岩石的泊桑比，硬岩 $\mu=0.25$；

p_2——作用在炮眼壁上的初始应力峰值；

S_t——岩石抗拉强度；

p_b——爆后气体充满炮眼时的准静压力；

α——压力衰减系数，$\alpha=2-b$。

由凝聚炸药的状态方程，有：

$$p_b=\left(\frac{p_c}{p_k}\right)^{k/h}\left(\frac{V_c}{V_b}\right)^k p_k \tag{4-20}$$

式中 p_c——爆压；

p_k——爆生气体膨胀过程临界压力；

k——凝聚炸药的绝热指数；

h——凝聚炸药的等熵指数；

V_c——装药体积；

V_b——炮孔体积。

p_b可按等熵膨胀过程计算。但爆生气体在炸药原有体积内的初始压力很高。随着气体的膨胀，压力不断下降，因此计算 p_b时，可将膨胀过程按临界压力分为两个阶段。临界压力 p_k近似为 $1000\text{kg/cm}^2=98\text{MPa}$。

4.4.1.3 最小抵抗线 W 的计算

最小抵抗线即是光爆层厚度，可按以下经验公式来确定：

$$W = \frac{q_b}{CaL_b} \tag{4-21}$$

式中 q_b——炮眼内的装药量；

C——爆破系数，相当于炸药单耗值；

a——炮孔间距；

L_b——炮眼长度。

由于光面爆破机理还没有彻底搞清楚，再加上岩石性质的复杂性，目前还很难单用理论计算的方法确定合理的爆破参数，所以要参考国内外的有益经验，在实践中不断完善，最终找出适合当地爆破条件的爆破参数。表 4-3 为国外不同炮眼直径时的光爆参数。

表 4-3 国外不同炮眼直径时的光爆参数

炮眼直径/mm	线装药密度/$kg \cdot m^{-1}$	炸药类型	药包直径/mm	光爆参数	
				炮眼直径/mm	最小抵抗线/mm
30		古立特	11	500	700
37	0.12	古立特	17	600	900
44	0.17	古立特	17	600	900
50	0.25	古立特	22	800	1100
62	0.35	纳毕特	22	1000	1500
75	0.5	纳毕特	25	1200	1600
87	0.7	狄纳米特	25	1400	1900
100	0.9	狄纳米特	29	1600	2100
125	1.4	狄纳米特	40	2400	2700
150	2.0	狄纳米特	50	2400	3200
200	3.0	狄纳米特	52	3200	4000

4.4.2 预裂爆破

在露天矿山靠帮处、建筑物基坑、路堑及许多地下开挖工程中都普遍采用预裂爆破技术来保护预留岩体及控制开挖轮廓。预裂爆破炮孔直径在很大范围上都取得了成功，露天矿山预裂爆破所用炮孔直径达 ϕ310mm，ϕ270mm；地下隧道预裂爆破一般采用小直径凿岩机，炮眼直径为 38 ~ 45mm。

预裂爆破采用径向不耦合装药时，随着不耦合系数的增大，作用在孔壁上的压力呈指数衰减，不耦合系数越大，孔壁上的压力降低得就越多。从炸药方面看，国内外都研制了一些专用炸药用于预裂爆破工程中，这些炸药爆炸产生的波峰压力比常用炸药要低，这样可降低爆轰压力对孔壁的破坏。

目前，预裂爆破的理论研究还很欠缺，设计计算方法也不完善，多数要通过现场试验，才能获得较满意的结果。在预裂爆破设计时，要根据工地的岩石种类、地质构造特征以及施工机具等条件，恰当地确定钻孔直径、炮孔间距、装药量及装药结构等。

预裂爆破主要参数的确定方法多采用：（1）理论计算法；（2）经验公式法；（3）工程类比法等方法，有时用两种以上方法综合考虑来确定预裂爆破参数。

4.4.2.1　理论计算方法

前苏联人提出的一种纯理论的计算方法，以预裂孔同时起爆为基础，为保证理想预裂面的形成，且孔壁不受或少受破坏，爆炸应力应满足下列方程：

$$\sigma_r \leqslant \sigma_{压} \qquad \sigma_T \geqslant \sigma_{拉} \tag{4-22}$$

式中　σ_r——预裂孔壁受到的最大径向压应力；

σ_T——预裂孔连心线上岩体受到的切向拉应力。

岩石的抗拉强度 $\sigma_{拉}$ 远小于其抗压强度 $\sigma_{压}$，这一特性为上式的成立奠定了基础。冲击波对障碍物作用的理论可得：

$$p = 25Q\frac{\Delta}{\delta} \tag{4-23}$$

式中　p——冲击波压力；

Q——炸药的爆热；

Δ——炮孔实际装药密度；

δ——炸药本身密度。

再由空气冲击波碰到固定刚性障碍物时，压力增长系数为：

$$n = 2 + [6p \div (p + 7)] \tag{4-24}$$

得 $np \leqslant \sigma_{压}$，通过简化求解，可得最佳的体积装药密度值：

$$\Delta = \frac{\sigma_{压}\delta\left(2.5 + \sqrt{\dfrac{1400}{6.25 + \sigma_{压}}}\right)}{100Q} \tag{4-25}$$

炮孔间距 a 的计算，可根据连心线中点的最大拉应力大于等于岩体抗拉强度这一条件来计算，柱状波产生的最大压应力与最大拉应力之间的关系为：

$$\sigma'_T = \frac{\mu}{1 - \mu}\sigma'_r$$

式中　μ——泊桑比。

爆破时岩层中的压应力随距离增大而降低

$$\sigma'_r = \sigma_r \Big/ \left(\frac{r}{r_c}\right)^k$$

式中　r——岩体内某点到药包中心的距离；

r_c——炮孔半径；

k——衰减系数，一般 $k = 1.5$。

两孔同时起爆，连心线中点的拉应力为单孔时的两倍，由此可求出炮孔间距的计算式：

$$a = 3.2\left(\frac{np}{\sigma_{拉}} \cdot \frac{\mu}{1 - \mu}\right)^{2/3} r_c \tag{4-26}$$

当炮孔装药情况满足式（4-25）计算所得最佳装药密度时，炮孔间距的计算式为：

$$a = 3.2\left(\frac{\sigma_{压}}{\sigma_{拉}} \cdot \frac{\mu}{1 - \mu}\right)^{2/3} r_c \tag{4-27}$$

以上都是以冲击波理论为基础的推导计算，并考虑高压气体准静态下的结果，显然这些都是该理论计算的不足之处。

另外还有许多其他的理论计算方法，例如根据 Coates 的岩石力学原理计算预裂孔间距的方法，这里不再逐一介绍。

4.4.2.2　经验公式计算法

由于影响预裂爆破的因素很多，很难从理论联系实际上得到令人满意的结果。所以爆破工作者根据经验，归纳总结了一些经验公式，这些公式主要考虑影响爆破的主要因素，其基本形式如下：

$$Q_1 = K\sigma_{压}^{\alpha} \cdot a^{\beta} \cdot d^{\gamma} \tag{4-28}$$

式中　Q_1——线装药密度，kg/m；

$\sigma_{压}$——岩石的抗压强度，MPa；

a——炮孔间距，m；

d——炮孔直径，m；

K、α、β、γ——均为系数。

例如：葛洲坝工程局的算式为：

$$Q_1 = 0.367\sigma_{压}^{0.5} \cdot d^{0.86} \tag{4-29}$$

北京科技大学由量纲分析得出的装药公式：

$$\Delta_{体} = \frac{3(r/r_0)^6 a\sigma_{dc}}{HD^2} \tag{4-30}$$

式中　$\Delta_{体}$——体积装药密度，g/cm³；

σ_{dc}——岩石动态抗压强度，MPa；

H——孔深，m；

D——炸药爆速，m/s。

4.4.2.3　工程类比法

在预裂爆破设计中，由于各种计算式都存在一定的缺陷，所以为避免复杂的工程条件给予裂爆破带来不良的影响后果，设计人员要努力弄清楚施工条件，参考其他已完成工程的实际经验数据，进行分析对比，最终确定合理的爆破参数。表 4-4 为古斯塔夫松的经验数据；表 4-5 为我国某些工程采用的预裂、光面爆破参数；表 4-6 为瑞典 U. Langefors 的经验数据。

表 4-4　古斯塔夫松的经验数据

炮孔直径/mm	线装药密度①/kg · m⁻¹	炸药类型	炮孔间距/m
25 ~ 32	0.07	φ11mm　古力特	0.2 ~ 0.3
25 ~ 43	0.16	φ17mm　古力特	0.35 ~ 0.6
40	0.16	φ17mm　古力特	0.35 ~ 0.5
51	0.32 半个炮孔 0.16 半个炮孔	2 × φ17mm　古力特 φ17mm　古力特	0.4 ~ 0.5
64	0.36	φ22mm　古力特	0.6 ~ 0.8

①此处的线装药密度为全孔的平均值。

表 4-5 我国某些工程采用的光爆参数表

工程名称	地质条件	孔深 /m	孔径 /mm	孔距 /cm	全孔装药量 /kg	堵塞长度 /m	顶部减弱装药		中部正常装药		底部加强装药		全孔平均线装药密度 /g·cm^{-3}	中部正常段线装药密度 /g·cm^{-3}	炸药品种	爆破效果
							长度 /m	装药量 /g	长度 /m	装药量 /g	长度 /m	装药量 /g				
1	2	3	4	5	6	7	8	9	10	11	12	13	14	15	16	17
船坞工程	花岗岩	7	50	60	2.52								360			
南山矿	闪长玢岩	17	150	130~150	17.0	2.0							1000	1130	铵油炸药	预裂面平整，孔痕清晰完整
南山矿	闪长玢岩	17	150	150~180	22.1	3.0							1300	1470	铵油炸药	预裂面平整，孔痕清晰完整
南山矿	闪长玢岩	17	150	180~250	25.8	4.0							1400		铵油炸药	预裂面基本平整，留有少量孔痕
东江水电站	花岗岩	9.4	110	100	7.2	1.0			7.8	5850	0.6	1350	796	750	耐冻胶质炸药	半孔率 87.5%，超欠挖小于 8.73m
东江水电站	花岗岩	3	40	35	1.05	0.75			2.25	1050			350	466	2 号岩石硝铵	效果好，壁面平整
龙羊峡水电站	花岗闪长岩	8	75	90	4.8	1.0	1.0	300	5.0	3000	1.0	1500	600	600	2 号岩石硝铵	预裂缝张开 2.04cm，半孔率 90%
格拉都水电站	中粗粒花岗岩	8	80	70	2.0	1.5	0.5	100	5.5	1400	0.5	500	250	255	胶质炸药	不平整度小于 10cm，半孔率 98.5%
沙溪口水电站	石英云母片岩	14.4	91	80	3.375	1.4	4.5	750	7.5	1875	1.0	750	234	250	耐冻胶质炸药	效果良好
葛洲坝水电站	黏土质粉砂岩	26	91	100	6.568	1.5	2.0	268	22	4400	0.5	1000	218	200	耐冻胶质炸药	效果良好
葛洲坝水电站	黏土质粉砂岩	18	65	80	5.025	1.2	1.65	225	15.8	3900	0.55	900	279	273	耐冻胶质炸药	地表及孔内预裂缝宽 0.5~1.0cm
官厅水库	石灰岩	5	100	75	1.42	1.5	1.0	224	1.5	563	1.0	633	284	375	耐冻胶质炸药	

注：1. 6/3 中的分母 3 代表孔深，分子 6 代表全孔装药量；2. 11/10 中的分母 10 代表中部正常装药长度，分子 11 代表中部正常装药量。

表 4-6　Langefors 的经验数据

炮孔直径/mm	线装药密度/kg · m⁻¹	炸药类型	药卷直径/mm	炮孔间距/m
30		古立特		0.25 ~ 0.4
37	0.12	古立特		0.3 ~ 0.5
44	0.77	古立特		0.3 ~ 0.5
50	0.25	古立特		0.45 ~ 0.7
62	0.35	纳毕特	22	0.55 ~ 0.8
75	0.5	纳毕特	25	0.6 ~ 0.9
87	0.7	狄纳米特	25	0.7 ~ 1.0
100	0.9	狄纳米特	25	0.8 ~ 1.2
125	1.4	纳毕特	40	1.0 ~ 1.5
150	2.0	纳毕特	50	1.2 ~ 1.8
200	3.0	狄纳米特	52	1.5 ~ 2.1

4.5　爆破施工的现场管理

4.5.1　爆破器材的现场管理

爆破器材，包括各类炸药、雷管、导火索、导爆索、非电导爆管系统、起爆药等，属民用爆炸物品，也是爆破施工中接触最多的危险物品，在生产、贮存、运输和使用中必须实行严格的安全管理。

近年来，国家有关机构根据刑事犯罪的特点，为了保障社会的安定、维护社会正常秩序，严惩非法制造、买卖、运输、贮存、使用爆炸物品等犯罪活动，加强了对民用爆炸物品管理的力度。

为防止爆破器材在施工中流失，爆破作业人员应做到：

(1) 爆破器材保管员应建立并认真填写爆破器材收发流水账，逐次登记，定期核对账目，做到账物相符。

(2) 严格履行领退签字手续，对无《爆破员作业证》和无专用运输车辆牌证人员爆破器材保管员有权拒绝发给爆破器材。

(3) 爆破段（班）长和安全员应检查爆破器材的现场使用情况和剩余爆破器材的及时退库情况。

(4) 爆破员应凭本单位领导或爆破工作领导人批准的爆炸物品领料单从爆破器材仓库领取爆炸物品，领取数量不得超过当班使用量。

(5) 爆破员领取爆破器材后应直接运送到爆破地点，运送过程必须确保爆炸物品安全，防止发生意外爆炸事故和爆炸物品丢失、被盗、被抢事件。

(6) 任何人发现爆破器材丢失、被盗以及其他安全隐患，应及时报告单位和当地公安机关。

现在一些地方，已实行爆炸物品的配送，即由公安机关指定或组织爆炸物品配送单位，爆破器材的使用单位凭证购买爆破器材后，由配送单位负责将爆破器材直接由爆炸物品贮存库运送到使用地并负责爆破器材的退库运输。做到了施工现场不设爆破器材库，爆破器材现场不过夜。

爆破器材安全管理中重要的一点就是确保在爆破工程施工中爆破器材不流失。

我国刑法第 125 条规定：非法制造、买卖、运输、邮寄、贮存枪支、弹药、爆炸物品的，处 3 年以上、10 年以下有期徒刑，情节严重的，处 10 年以上有期徒刑、无期徒刑或死刑。

爆破器材的安全管理，由拥有爆破器材单位的主要领导人负责，各级公安机关对管辖地区内的爆破器材的安全管理实施监督检查。

4.5.2 施工质量管理与控制

不同的爆破工程有不同的质量要求，在采石爆破中应注意将风化石和料石分开，爆破块度应满足采石规格的要求。

在中深孔台阶爆破的质量控制程序中，开始由钻孔爆破队负责布孔、钻孔数量、深度、炸药数量、爆破范围及安全效应等质量控制，经现场工程师审核，报主管工程师审批。如果不合格，要采取其他补救措施后再由钻爆队报批；如果合格，就可进入连接起爆网路、防护等下道工序。该工序的质量控制由技术人员全程监督，包括起爆模式，分段数量，单响最大药量，至建筑物的安全允许距离等。在技术人员进行网路检查等作业，填写检验报告，并经现场技术主管复校后，报主管工程师批准并提交现场监理工程师批准。合格后进入爆破作业程序，爆后经安全质量检查合格则整个程序结束，进入下一循环。不合格要采取补救措施。

4.5.3 装药、填塞与爆破的基本规定

在爆破工程中，装药、填塞和连接起爆网路是施爆阶段中的关键作业，直接影响施爆阶段的安全和整个爆破工程能否取得预期的安全和质量效果。在进行装药作业前，应由爆破技术人员进行技术交底；参加作业的爆破员应清楚和熟悉装药方式，装药结构和装药量，由有同类爆破施工经验的爆破员或爆破技术人员制作起爆体或起爆药包，同时安排人员做好装药的原始记录。在进行装药作业时，爆破技术人员必须在现场负责指导和监督。

装药分人工装药和机械化装药两种方法，应注意以下几点：

（1）应使用木质或竹制炮棍；（2）不应投掷起爆药包和敏感度高的炸药。起爆药包装入后应采取有效措施，防止后续药卷直接冲击之。

填塞是保证爆破成功的重要环节之一，深孔爆破应有足够的填塞长度和填塞质量。禁止使用无填塞爆破。深孔爆破可以用孔边钻屑或细石料填塞，不应使用石块和易燃材料填塞炮孔。

人工填塞炮孔时，填塞作业应避免夹扁、挤压和张拉导爆管、导爆索，并应保护雷管引出线。

4.5.4 爆破警戒与信号

为确保爆破安全，在实施爆破前，必须制订安全警戒方案，做好安全警戒工作。在进行警戒之前，施工单位要发布告示，将起爆时间、警戒范围、警戒信号通知到受爆破影响的各户、各单位，让当地单位和居民有心理准备。

（1）爆破进入装药阶段的安全警戒。爆破进入装药阶段，爆区中已有爆炸物品，从这

时起，一直到起爆，爆区应实行全天候的警戒，禁止无关人员进入爆区；进出施工现场的爆破施工作业人员、防护作业施工人员、爆破技术人员和指挥部成员应佩戴相应证件标志，并接受警戒人员的检查：严禁携带火种进入警戒区，严禁携带爆炸物品离开施工现场。外来人员需进入爆破作业区的，必须经现场指挥领导同意，并有指挥部成员陪同才能成行。

装药警戒范围由爆破工作领导人确定，一般按施工时封闭作业区的范围确定。警戒区边界应设置明显标志并派出岗哨。较大规模或重要的爆破工程应请公安或保安部门执行警戒任务。

在危险区内应派安全员巡视，检查施工现场安全情况，制止违章作业。

（2）起爆前后的安全警戒。起爆前后的警戒按爆破指挥部安全保卫与警戒组确定的警戒范围、警戒方案实施。执行警戒任务的人员，应按指令到达指定地点并坚守工作岗位。各警戒点应与指挥部保持通讯或信号联系，并按照指挥部的指令，按时进行清场撤离、封锁交通要道等工作。炮响后，在未发出解除警戒信号之前，警戒点岗哨应继续值勤，除爆后检查人员外，禁止任何人员和车辆进入危险区。

（3）爆破信号与起爆。爆破工程在起爆前后要发布 3 次信号。信号可分声响信号和视觉信号两种，声响信号可使用发令枪发出各色信号弹，或拉警笛、警报器；视觉信号一般采用打信号旗的方法。各类信号均应使爆破警戒区域及附近人员能清楚地听到或看到。

第一次信号称预警信号。它在施爆前一切准备工作已完成后发出。该信号发出后爆破警戒范围内开始清场工作。

第二次信号称起爆信号。起爆信号应在确认人员、设备等全部撤离爆破警戒区，所有警戒人员到位，具备安全起爆条件时发出。起爆信号发出后，准许负责起爆的人员起爆。

第三次信号称解除信号。安全等待时间过后，检查人员进入爆破警戒范围检查、确认安全后。方可发出解除爆破警戒信号。在此之前，岗哨不得撤离，不允许非检查人员进入爆破危险区范围。

4.5.5　爆后检查

爆后由爆破工程技术人员和爆破员先对爆破现场进行检查，只有在检查完毕确认安全后，才能发出解除警戒信号和允许其他施工人员进入爆破现场。

爆破后不能立即进入现场进行检查，应等待一定时间，确保所有能起爆的药包均已爆炸以及爆堆基本稳定后再进入现场检查。

爆后检查等待时间规定如下：露天深孔爆破，爆后应超过 15min，方准检查人员进入爆区；一般岩土爆破爆后检查的内容为：

（1）露天爆破爆堆是否稳定，有无危坡、危石；

（2）有无危险边坡、不稳定爆堆、滚石和超范围塌陷；

（3）最敏感、最重要的保护对象是否安全；

（4）爆区附近有隧道、涵洞和地下采矿场时，应对这些部位进行有害气体检查。

爆后检查如果发现或怀疑有拒爆药包，应向现场指挥汇报，由其组织有关人员做进一步检查；如果发现有其他不安全因素，应尽快采取措施进行处理；在上述情况下，不应发出解除警戒信号。

4.6 爆破效果的评价

4.6.1 评价爆破效果好坏的标准

评价爆破工程效果的标准，可以分成以下三方面：

（1）安全标准。一是爆破工程作业本身的安全，主要是指爆破作业中是否做到了施工安全；是否做到了安全准爆，是否有严重的拒爆情况出现；二是环境安全，爆破对周围环境产生的爆破振动、空气冲击波、个别飞石、有害气体、噪声和粉尘等有害效应是否得到了控制，或限制在允许的范围之内；爆区周围需要保护的建筑物和其他设施是否安全。

（2）质量标准。如前所述，不同的爆破工程有不同的爆破质量标准。质量标准是根据爆破工程的目的、采用的爆破方法、爆破对象的具体条件、周围环境情况来确定的，如：同是岩土爆破，采石爆破和破碎爆破、硐室爆破和深孔爆破、矿山爆破和城镇控制爆破的质量标准就大不一样，在硐室爆破中，如果大块率控制在7%以下，爆破效果就是不错的；深孔爆破如果大块率达到7%就不能说爆破效果好了。在衡量爆破工程的质量时，还应重点分析爆破的实际效果与设计要求是否相符或相近，只要达到了爆破设计的要求，就应该说其质量是合格的。

（3）经济标准。通常爆破成本的构成由施工成本（如钻孔等）、爆破器材成本（炸药、起爆器材等）、防护成本（防护材料、测试等）和不可预见成本（如因爆破引起的经济赔偿等）等组成。其中，安全效果直接影响不可预见成本的数额，防护措施所占的份额则可能影响爆破的安全效果。在爆破成本中，施工成本往往比爆破器材成本所占的份额大，降低爆破工程成本主要应在施工成本上做文章。

单从爆破工程技术上看，应尽可能提高炸药能量的利用率，降低炸药单耗，降低爆破成本。

但通常爆破仅仅是整个工程项目的一部分，有时适当增加爆破成本，改善石方爆堆的破碎效果和松散程度，可以提高挖装机械的施工效率和清运速度，降低其配件损耗，有利于降低整个工程项目的成本。

4.6.2 爆破工程的主要技术经济指标

评价爆破工程作业的技术经济效果，常用以下指标：

（1）炸药单耗：指爆破1m^3或1t岩石所消耗的炸药用量，单位为kg/m^3或kg/t。炸药单耗是炸药单位用药量的简称，在爆破设计中有一个基本参数“单位用药系数”，有时也采用这个名称，可以称为计算炸药单耗；而这里提出的“炸药单耗”，则是衡量工程爆破总体经济效果的一个指标，两者是有所区别的，一般情况下，实际炸药单耗值应小于计算炸药单耗值。

（2）延米爆破量：指1m炮孔所能崩落的岩石的平均体积或质量，单位为m^3/m或t/m。

（3）炮孔利用率：在深孔爆破中，常常把炮孔中装药长度与孔深之比也称为炮孔利用率。提高炮孔利用率，就能降低爆破成本。

（4）大块率：指一次爆破后所产生的不合格大块在总爆破岩石量中所占的比率石的破

碎块度是一个相对的概念，爆破后需要进行二次破碎的岩块称为“大块”，指超过了工程的块度要求，也可能是超过了作业设备的能力。单位为%。

（5）爆破成本：指爆破 $1m^3$ 岩石所消耗的与爆破作业有关的材料、人工、设备及管理等方面的费用，单位为元/m^3。

除了上述指标外，还广泛采用岩石松动、抛掷堆积效果，保留边坡、围岩的稳定性，爆破对周围环境的安全影响等来评价爆破的技术效果。

4.6.3　影响爆破作用的客观因素

影响爆破作用的因素主要有爆破器材、爆破对象的特性，以及在爆破设计中所取的设计参数。应当指出，施工作业水平对爆破效果往往也有着重要的影响。

4.6.3.1　爆破器材对爆破效果的影响

工业炸药的性能和质量对爆破效果和安全有直接的影响。对爆破效果有影响的炸药性能参数主要有：炸药爆速、爆炸气体生成量及装药密度等。现在一般认为：岩石爆破破坏是在冲击波和爆炸气体膨胀压力共同作用下产生的，对整体性良好的坚硬岩石，冲击波作用的效果比较明显，应使用爆速较高的炸药；对松软而具有塑性的岩石，选择爆炸气体生成量较多的炸药爆破就比较有利。装药密度直接影响单位体积炸药做功能力的大小，密度大，炸药的做功能力也大。

炸药的质量对爆破效果的影响也是明显的。目前一般爆破工程中常用炸药有铵梯炸药、乳化炸药、铵油炸药等，如果爆破中使用了受潮结块的铵梯炸药、铵油炸药，以及未完全乳化的乳化炸药，爆破威力会大大降低，不仅使爆破破碎效果变差，有时还会出现严重的安全问题。对此应加强对炸药质量的检测，使用质量稳定、包装合格及在有效期内的炸药，在有水或潮湿区域爆破时要做好炸药的防潮措施或采用防水炸药。

雷管的质量直接影响爆破的安全准爆性。深孔爆破中个别孔因雷管质量产生的拒爆往往使爆破破碎效果降低、大块率增加、挖装效率降低。对此，一是加强对雷管的检测，剔除不合格的雷管，同时按照爆破安全规程要求在同一起爆网路中使用同厂、同批的雷管，其电阻值也应满足规程中的规定；二是采用双套或复式网路，提高安全准爆性。

4.6.3.2　爆破对象的特性对爆破效果的影响

中深孔爆破对象主要是岩石；爆破中岩石性质和地质条件对爆破效果的影响有：

（1）岩石物理性质：指岩石的密度、孔隙性、波阻抗、风化程度、密度等。它们影响爆破后岩石的破碎程度和大块率。

（2）岩石力学性质：指岩石的抗压强度、抗拉强度和抗剪强度。岩石的力学性质是衡量其在外力作用下的反映特性指标，表明岩石在不同的受力方式下的抗压、抗拉和抗剪的极限强度，代表岩石的强度特征。它们是判断岩石爆破难易程度和爆破设计时合理选择参数的依据；

（3）地质条件：主要指岩体的结构面，包括断层、层理、节理、裂隙、褶皱、片理、劈理等。

结构面对爆破效果的影响主要表现在不均匀的结构面常使爆破作用减弱，明显的裂隙能够阻止爆破能量的传播而使破坏区范围受到局限；结构面的存在还可能改变抵抗线的方向，造成超挖或欠挖；爆生气体的楔入可能引起冲炮，造成事故；爆生气体通过结构面泄能会降低爆破威力，影响爆破效果；结构面的发育程度常常控制爆破后岩石的块度和级配；结构面的存在影响到最终边坡的形成和稳定；

（4）地形条件：所谓地形条件，就是爆破区的地面坡度起伏、自由面的形状和数目、山体高低、冲沟分布等地形特征。地形条件是爆破设计必须认真考虑的，是药包（钻孔）位置布置和参数选择的主要依据之一。在地形条件中，自由面的大小和数目对爆破作用效果有着明显的影响。

自由面小和自由面个数少，爆破作用受到的夹制作用大，爆破体的膨胀和抛掷都受到限制，要得到较好的爆破效果，必须增加单位炸药消耗量；而每增加一个自由面，炸药单耗就可以减少10%～20%。另外，自由面与装药的相对位置关系也对爆破作用产生影响：炮孔中的装药在自由面上的投影面积愈大，愈有利于爆炸应力波的反射，对岩石的破坏愈有利。如果在一个自由面的条件下，垂直于自由面布孔，装药在自由面上的投影最小，爆破破碎也很小；如果采用斜孔，装药在自由面上的投影面积比较大，爆破破碎范围也比较大。

4.6.3.3 爆破参数对爆破效果的影响

爆破参数主要指药包布置位置（最小抵抗线、药包间距、排距和高抗比等）、孔网参数、装药参数（单位耗药量、装药量、装药结构）等。爆破参数确定得是否合理，将直接影响爆破安全和爆破效果。爆破设计水平具体就体现在爆破方案的确定与爆破参数的选择上。

4.6.3.4 施工作业水平对爆破工程效果的影响

严格按爆破设计与施工组织设计施工，同时将在施工过程中出现的有关信息及时反馈给爆破设计人员以完善爆破设计，是反映爆破作业水平不可分割的两方面。

严格按设计施工包含两方面的内容：一个是对设计中明确规定的技术参数，如钻孔爆破中的最小抵抗线、孔距、排距、孔深等，中深孔爆破中前排孔的位置，要根据底盘抵抗线和钻孔平台的前缘距离确定；在这些问题上，负责施工的爆破技术人员可以向爆破设计人员提出建议，最终的决定权还是在设计人员手中。以下是在爆破工程施工各阶段的一些具体要求。

在装药和填塞时，应严格按照设计的装药量、起爆雷管段别、装药结构和填塞长度施工。装药必须到位。比如，在深孔爆破中，如果孔内有水，在装乳化炸药药卷时切忌将药卷直接从孔口放下，因为药卷落到水面时由于水面的反冲击力极易出现药卷变粗堵塞炮孔的现象；应用吊绳或炮杆将药卷直接装到孔底，或装至水面由其自然下沉。装药如果不到位，有可能出现下部药卷慢慢下沉与上部药卷脱离而出现部分药卷拒爆的情况。

填塞的作用是将炸药密封在岩体内，阻止高压的爆轰气体在爆破破碎岩石之前过早地泄漏到大气中，延长高压爆轰气体对岩石的加压作用，提高爆炸能量的利用率。填塞长度和填塞质量在深孔爆破中，爆破员应按爆破设计说明书的规定进行操作，不应自行增减药量或改变填塞长度；如确需调整，应征得现场爆破技术人员同意并做好变更记录。

在复杂环境深孔爆破中，应按环境要求限制单段最大爆破药量；填塞长度宜大于底盘抵抗线与装药顶部抵抗线平均值的1.2倍，或大于钻孔直径的30倍以上。

起爆网路的施工：各种起爆网路，均应使用经现场检验合格的起爆器材。起爆网路应严格按照设计进行连接；敷设起爆网路应由有经验的爆破员或爆破技术人员实施并实行双人作业制。起爆网路连接时应复核雷管段别。

4.7　爆破有害效应的控制

炸药在岩石中爆炸，除完成对岩石的破碎、抛掷做有用功，还不可避免地产生一些有害效应，如地震、飞石、冲击波等，中深孔爆破由于单孔药量较浅眼爆破要大，因此要加强对有害效应的控制。

4.7.1　爆破振动效应的控制

4.7.1.1　采用低威力、低爆速炸药

某隧道工程在2号岩石硝铵炸药中混入13%添加剂制成低爆速炸药，使其爆速由3200m/s降至1800m/s。振动观测表明，降震效果达40%～60%。采用小直径（ϕ20mm）不耦合装药结构也能达到一定降震效果。

4.7.1.2　采用毫秒爆破

国内矿山的工程试验表明，采用毫秒爆破与齐发爆破相比，平均降震率约50%左右；分段数越多，降震效果越好。实践证明，间隔时间大于100ms时降震效果较明显；间隔时间小于100ms时各段爆破产生的地震波还不能显著分开。

4.7.1.3　采用预裂爆破或开挖减震沟槽

在爆破体与保护对象间开设不装药的单排（双排）防震孔，降震率达30%～50%。防震孔孔径可取35～65mm，孔间距不大于25cm。采用预裂爆破比打防震孔可减少钻孔量，降震效果更好，但应注意预裂爆破产生的振动效应。预裂孔与防震孔都应有一定超深（一般取20～50cm）。

当介质是土层时，可开挖减震沟。沟宽以方便施工为前提，尽可能挖深些，超过药包底部20～30cm为好。用于降震的孔、缝和沟，应注意防止充水，否则无降震效果。

4.7.1.4　限制一次爆破的最大用药量

确定保护对象的震动安全允许速度后，即可在式（5-1）代入R、K、α值计算出一次爆破的最大用药量。

当设计药量大于该值而又没有可靠的降震措施时，就必须采用分次爆破来控制每次爆破的炸药量。

4.7.2　爆破冲击波的控制与防护

为确保安全，必须使人员、建筑物、设施等到爆破中心的距离都符合《爆破安全规

程》的规定。当作业条件不能满足爆破规模与安全允许距离的要求时，可从控制爆破冲击波的产生源及其传播途径，采取“堵”、“导”两个方面的预防措施：

（1）尽量避免采用裸露药包爆破和导爆索露天爆破和导爆索爆破，必须采用时应覆盖砂土。慎用 n 大于 1.5 的硐室爆破。

（2）控制一次起爆炸药量，从“空间”（分散布药）、“时间”（分段起爆）两个方面，将爆区总药量均匀分布到各个爆破部位，使爆炸能量最大限度地得到有效利用，将耗于爆炸冲击波的无效能量减至最小限度。

（3）选定合理的最小抵抗线方向和数值，优化爆破参数，改进装药结构（如采用空气间隔分段装药、垫层装药、不耦合装药），确保填塞质量等；使每个药包的爆炸能量都能得到充分利用。

（4）精心施工，抓住地形测量、地质勘查、竣工检查和爆破施工等四个关键工序，确保顺利实现设计要求。

（5）不在清晨、傍晚或露天等有利于空气冲击波传播的气象条件下实施爆破。

（6）巷道中空气冲击波可采用“挡”的措施削弱其强度。例如在爆区附近垒砖墙、砂袋、砌石墙等构筑阻波墙。有些国家曾用高强度人造织品薄膜制成水包代替阻波墙。充满水的水包与巷道四周紧密接触，当冲击波到来时水包压力增大，即将其转移到巷道两帮，增强了抗冲击波的能力。据报道，水力阻波墙造价低，制作快，防冲击波效果好，一般可减弱冲击波 3/4 以上，并能降低爆尘和有害气体量。

（7）水下爆破时，降低水下爆炸冲击波强度的有效措施是采用气泡帷幕防护技术。这就是在爆源与保护对象之间的水底设置一套气泡发射装置。一般采用钢管在其两侧开设两排小孔，当向发射装置输入压缩空气后，大量细小气泡便从小孔连续不断地向外射出。受浮力作用，气泡群由水底向水面不断运动，形成一道气泡帷幕；能有效削弱冲击波压力峰值，对保护对象起到防护作用，经过工程使用验证，效果良好。近年研究表明，气泡帷幕对水中冲击波衰减效果明显，主要是在低频部分；对高频部分则衰减效果不大。因此，气泡帷幕的设置位置距爆心不宜过近。

4.7.3 爆破飞散物的控制与防护

当爆破单位耗药量过高，或相应的最小抵抗线过小时，以及药包位置不当（在岩石裂缝面上）或堵塞质量不好时，容易产生爆破飞散物。

控制爆破产生飞散物的主要措施：

（1）设计合理，药室、炮孔位置测量验收严格，是控制飞散物事故的基础。装药前应认真校核各药包的最小抵抗线，如有变化，必须修正装药量，不准超装药量。

（2）设计施工中，要注意避免药包位于岩石软弱夹层面，以免从这些薄弱面冲出飞散物。慎重对待断层、软弱带、张开裂隙、成组发育的节理、溶洞、采空区、覆盖层等地质构造，采取间隔堵塞、调整药量、避免过量装药等措施。

（3）保证堵塞质量，不但要保证堵塞长度，而且保证堵塞密实，堵塞物中要避免夹杂碎石。

（4）采用低爆速炸药，不耦合装药、挤压爆破和毫秒起爆等，可以起到控制飞散物的作用。多排爆破时要选择合理的延期时间，防止因前排带炮（后冲），造成后排最小抵抗线大小与方向失控。

（5）在爆破施工中，需严格控制飞散物时，应对爆破体采取覆盖或防护措施。覆盖爆破区域拆除物的材料应便于固定、不易抛散和拆散，并能防止细小碎块的穿透。在爆破体和拆除尺寸较小、附近有重要保护对象、周围人员活动频繁条件下，应做多层覆盖。覆盖范围应大于炮孔的分布范围。覆盖时要注意做到：

1）保护起爆网路；

2）用金属覆盖物时，应将电爆网路中的接头用绝缘胶布包裹好漏盖；捆扎牢固，防止覆盖物滑落和抛散；

3）分段起爆时，防止覆盖物受先爆药包影响，提前滑落、抛散。

按工程要求，还可在爆破区周围设置近体防护，以防止从覆盖防护的边缘空隙冲出个别飞散物。通常采用排架屏障并在屏障上绑缚覆盖材料。屏障的高度和长度均应大于覆盖防护对象。

对保护对象的防护，可在重点保护对象方向及飞散物抛出主要方向上设立屏障。其材料可以用木板、荆笆或铁丝网，屏障的高度和长度应能完全挡住飞散碎块。

4.7.4　爆破有害气体的预防措施

降低有害气体的危害程度，可采用以下措施：

（1）选定炸药合理配方。从理论上设计接近零氧平衡的炸药，供地下爆破专用。根据我国煤炭部门研究提出，矿用炸药的有害气体含量不能超过 80L/kg。研制新品种炸药时，必须坚持通过实验室及工业性试验，得出结论才能推广使用。用户对所用炸药的性能与规格必须完全掌握，有条件时应按工业试验要求检验炸药各项指标（包括有害气体成分及数量）是否符合要求。

（2）增大起爆能。应选用感度适中、威力较大的炸药作为起爆药包，这对感度较低的炸药（如铵油类、不含梯恩梯或含梯恩梯较少的硝铵类炸药等）尤为重要。

（3）选定合理装药形式。装药前必须将炮孔内积水及岩粉吹干净。根据情况采用散装药（不耦合系数为 1），将会显著降低有毒气体浓度。此外，装药密度、起爆药包的位置、药包包装材料、填塞物种类、堵塞质量等，对有毒气体的产生都有一定影响。

（4）加强通风与洒水。爆破后要加强通风，驱散较轻的 CO，一切人员必须等到有害气体稀释至《爆破安全规程》中允许的浓度以下时，才准返回工作面；地下爆破中爆后至少通风 15min 才准进入工作面。按一般经验，爆破粉尘可在几至十几分钟内扩散干净。

洒水一方面可将溶解度较高的 $NO_2/N_2O_4 \cdot N_2O_3$ 转变为亚硝酸与硝酸；另一方面可将溶于水的氮氧化合物（如 NO）从碎石堆或裂隙中驱赶出来，便于随风流出工作面。在水中加入一定浓度的碱液，如 $Ca(OH)_2$、Na_2CO_3 等效果更好。

（5）加强炸药的质量管理，定期检验炸药的质量，注意防水和防潮，禁用过期变质的炸药；避免炸药产生不完全的爆炸反应而产生过多的有害气体。

（6）露天爆破选定起爆站和观测站位置时，应考虑爆破当天的风向和地形条件，尽量避免设在下风方向。若须在有害气体影响范围内工作时，应采取有效的个人防护措施。

4.7.5　降低爆尘的技术措施

凿岩、爆破和其他石方开挖生产工序中，都要产生粉尘。工序和防尘措施不同，产生粉尘的数量亦不相同。

国家卫生标准规定，工作面的粉尘浓度不应超过 $2mg/m^3$。由于粉尘中含有大量的游离二氧化硅（一般可达30%～70%），有时还可能含有砷、铅、汞及放射性元素等有害物质，因此，降低工作面的粉尘浓度，就成为劳动卫生安全的重要内容之一。

爆破产生的粉尘，与凿岩产生的情况相比，虽然与人接触的时间较短，但数量大。爆破后的粉尘浓度可高达每立方米数千毫克，之后逐渐下降。我国某些矿山所进行的测定表明，如无有效的降尘措施，在爆破1h后，巷道内的粉尘浓度仍高达 $20\sim30mg/m^3$。同时，爆破后所产生的粉尘扩散范围较大，它不但可能危害工作面的工人，还可能危害正在巷道中进行其他工作的人员。

爆破后浮游粉尘的分散度，高于湿式凿岩时浮游粉尘的分散度。国外测定结果表明：湿式凿岩的浮游粉尘平均直径为1.160μm，而爆破粉尘的平均直径为0.73μm。地下爆破时，爆尘来自以下诸方面：

（1）先前形成而附着、堆积在巷道或岩石裂缝中的粉尘；

（2）药孔内药包附近过度破碎岩石生成的岩粉；

（3）连续火花爆破、多段延期爆破产生的岩粉；

（4）炮孔过浅、二次破碎产生的岩粉；

（5）用药量过大、坚硬岩石产生的岩粉。

为改善劳动条件，可将工作面通风与排除粉尘、有害气体结合起来治理，具体措施是：

（1）均匀布孔，控制单耗药量、单孔药量与一次起爆药量，提高炸药能量有效利用率；

（2）采用毫秒爆破技术；

（3）根据岩石性质选择相应炸药品种，努力做到波阻抗匹配；

（4）爆破前采用水封爆破进行填塞，即以装水的塑料袋代替部分炮泥，爆破瞬间水袋破裂，化为细水滴捕尘集尘，装药量与水袋重量之比常取2∶1；

（5）爆前喷雾洒水，即在距工作面15～20m处安装除尘喷雾器，在爆破前2～3min打开喷水装置，爆破后30min左右关闭。国外资料指出，爆前在巷道周壁大量洒水，按粉尘重量计算，可比不洒水时减小1/2，按粉尘颗粒计算，可减少1/3。

《爆破安全规程》强调：在有爆尘、硫尘、硫化物粉尘的矿井中进行爆破作业时，应遵守有关粉尘防爆的规定，在面粉厂、亚麻厂、塑料制品厂等有粉尘爆炸危险的地点进行爆破时，离爆区10m范围内的空间和表面应做喷水降尘处理。

4.8　拒爆及其处理

拒爆（雷管和炸药都没有爆）、半爆（部分炸药没有爆炸）、爆轰不安全（未达到稳定爆轰），不仅影响爆破效果，而且造成不安全因素。对拒爆和半爆，统称为盲炮，应及时处理。

4.8.1　由于炸药因素造成的拒爆

（1）采用过期、变质、失效的炸药、雷管和爆破器材是拒爆的重要原因。爆破作业时，禁止使用上述失效的爆破器材。

（2）在有水的炮孔或潮湿的雨季，硝铵类炸药受潮而失效引起拒爆。应采用炮孔疏干或防水炸药解决。

（3）装药密度对爆轰状态影响很大，常用的硝铵类炸药，最佳的装药密度控制在 1.0 ~1.1g/cm^3，密度过大、过小，都会造成药包的拒爆。

4.8.2　由于起爆网路和方法不当引起的拒爆

（1）整体拒爆，主要从爆破母线和起爆电源上查找原因，是否超过了起爆能力，母线是否断路或短路等。

（2）区域性拒爆，主要是网路有漏电或短路处，可能因雷管脚线或接头或水体浸泡等原因造成。

（3）类型拒爆，网路中同种或同一段别的雷管拒爆。

（4）随机性拒爆，无规律性。

4.8.3　盲炮的处理

（1）爆破网路未受破坏，且最小抵抗线无变化者，可重新接线起爆；如果最小抵抗线有变化者，应演算安全距离，并加大安全警戒范围，再连线起爆。

（2）在距盲孔 10 倍炮孔直径处打另一平行孔装药起爆。爆破参数有工程技术人员或领导批准。

（3）对硝铵类非抗水炸药，孔壁完好时，可去除部分堵塞物，向孔内灌水使炸药失效，然后再作进一步处理。

4.9　二次破碎作业的施工机械

露天石方工程的工序有穿孔、爆破、铲装、运输、推平等。爆破后续作业的施工机械一般包括配合装载工序的二次破碎机械，挖运的前端式装载机，装车的电铲、油铲（挖掘机），石方运输车（自卸矿车），平场、撮堆并可用于修路机械、短途推运机械的推土机，碾压设备六大类。在此着重介绍用于中深孔二次爆破的破碎机械。

4.9.1　移动式液压破碎机

移动式液压破碎机俗称油炮或油锤，一般均由液压挖掘机的反铲改造而成。当现场需要时，只需将液压铲的铲斗卸下，换上破碎冲击器即组成了一台移动式液压破碎机；不用破碎机时，将破碎冲击器换成铲斗，则又可恢复成液压挖掘机。

移动式液压破碎机比传统的二次爆破要安全、灵活、快捷，成本也不高，在不少较大的石方工地（要有足够量的大块需要二次破碎）广泛应用，除了一些特大块仍需二次爆破外，一般大块的二次破碎全由移动式液压破碎机承担。移动式液压破碎机的破碎冲击器有许多定型产品，它除了用于二次破碎外，还可以更换不同形式的钎头，用于开沟、破路面、建筑物拆除等。

国产液压破碎冲击器及其可配套使用的挖掘机见表4-8。

国内广泛使用的进口液压破碎冲击器有德国产克虏伯系列产品和韩国工兵系列产品。德国产品有轻型、中型和重型三类，列入表4-7中，可以根据作业环境和工程要求进行选择；为了便于设备的管理和维修方便，在小型采石厂要尽量考虑与其使用的挖掘机配套，减少设备的品种，便于维护。韩国工兵系列产品列入表4-8中，其配套钢钎类型及承载车辆选型也要注意与现有的挖掘设备匹配。

表4-7　德国克虏伯液压破碎锤轻型系列型号及规格

型　号	HM60	HM90	HM140	HM170	HM230
承载机械质量/t	1~3/1.2~3	1.5~2/1.9~4.4	2.5~9	5~12	6~13
工作质量/kg	75/102	128/164	212/243	243/300	380
油流量/L·min^{-1}	15~35	25~45	35~45	50~75	60~90
工作压力/MPa	90~120	90~130	120~140	120~140	120~150
冲击频率/Hz	570~1700	500~1150	500~1150	500~1000	520~1000
钎尾直径/mm	48	62	65	75	80
钎尾长度/mm	340/300	435/395	495/450	500/455	415

表4-8　韩国工兵破碎机的型号及规格

型　号	CB2T	CB4T	CB170E	CB220E	CB290E
总质量/t	280	470	1100	1620	2220
驱动油压/MPa	95~130	95~130	150~170	160~180	160~180
油流量/L·min^{-1}	34~60	45~85	90~120	125~150	150~190
冲击频率/Hz	450~1000	480~850	400~750	350~700	300~650
全长/mm	1401	1750	2110	2300	2500
钎尾直径/mm	70	90	120	135	150
钎尾长度/mm	700	850	1110	1200	1310
配用车质量/t	2.5~7.5	6~10	9~17	18~25	25~35
配用斗容/m^3	0.15~1.25	0.25~0.35	0.4~0.6	0.7~0.9	0.9~1.2

4.9.2　手持式破碎机

手持式破碎机是以压缩空气或液体传递压力为动力的手持式冲击破碎工具。主要用于爆破大块的二次破碎、水泥基础、水泥构件、炉衬、软岩石及各种路面的破碎，也可用于破碎冻土层和破冰等。它机动灵活，对破碎场地要求不严格，但工人劳动强度大。国产破碎机的主要技术性能指标见表4-9。国产手持式破碎机的主要性能指标见表4-10。

表 4-9　国产破碎机的主要技术性能指标

型　号	PCY80	PCYS200	PCYS300	PC50	PC100	PC200	PCY60	PCY180
工作压力/MPa	9.8~12	9.8~12	9.8~12	0.63	0.63	0.63	12	9.8~12
冲击能量/J	800	2000	3000	500	1000	2000	800	800
冲击频率/Hz	6~8	6.3~8.3	6~8	8	5	4.5	6~8	6~8
耗气量/L·s⁻¹				100	150	235		
流量/L·min⁻¹	55~70	80~120	115~140				55~70	55~70
钎尾直径/mm	95	100	130	75	100	114	95	95
钎尾长度/mm	360	500	460	120	160	235	360	360
长/mm	1970	1810	2345	1750	1920	2330	1970	1970
宽/mm	580	570	585	372	372	472	580	580
高/mm	430	420	570	750	800	612	430	430
配套挖掘机型号	WY40/60	WY60/100	WY60/100	WY40	WY40	WY40/60	DZJ 系列打渣机	
质量/kg	435	750	1230	276	762	1200	435	435
生产厂	通化风动工具厂						沈阳风动工具厂	

表 4-10　国产手持式破碎机的主要性能指标

型　号	PPSY6A	B37C	B67C	PPSY8	QP45
工作压力/MPa	8~10	0.63	0.63	0.49	0.63
冲击能量/J	58	26	37	80	
冲击频率/Hz	21	29	24	14	
耗气量/L·s⁻¹		26	42		
流量/L·min⁻¹	25			33	
气管内径/mm		16	19		
全长/mm	714	550	615	700	745
钎子尺寸/mm	25×108	25.6×109	28.5×152	32×150	
配套挖掘机型号	CYD25D/N				
质量/kg	25	17	30	30	45
生产厂	沈阳风动工具厂			通化风动工具厂	戚墅堰机车厂工具公司

5 爆破安全技术和环境保护

5.1 外来电的危害与预防

一切与专用起爆电流无关、意外进入电爆网路（电雷管）的电流统称“外来电流”。外来电流是外来电能的表现形式，当其强度超过电雷管的最大安全电流时，就可能引起电雷管早爆。根据我国目前民用电雷管性能指标，《爆破安全规程》规定：电爆网路（电雷管）的导通和电阻值检查应使用专用导通器和爆破电桥进行；其工作电流应小于 30mA。因此，在采用电力起爆的爆破工程中，应首先检测爆破工地可能存在的外来电流强度，将其控制在 30mA 以内，以确保不发生早爆事故。

5.1.1 雷电

雷电是带电云体（雷云）释放巨量静电荷的自然现象。当雷云与地面间距离很近，而电荷又积累到一定强度时，云体内自由电子受电场作用，由云体向地面迅速运动，如图5-1所示，粗线即肉眼所见的雷电。但雷电实际是一种断断续续的放电现象，每一次雷电平均有 3 ~4 次放电脉冲，最多可达几十次。所以肉眼见到的雷电总是闪烁的。随着一个接着一个的脉冲延续下去，直到雷云中的电能储备耗尽为止。图 5-1 下半部示出雷电电流的变化情况。雷电对爆破作业产生下列危害。

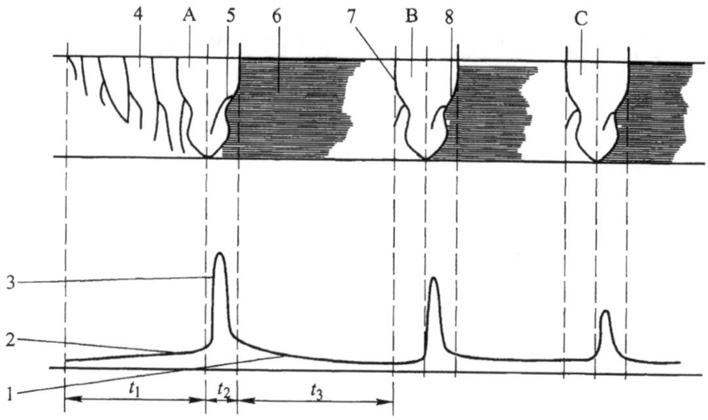

图 5-1　雷电的放电过程

A—第一次放电；B—第二次放电；C—第三次放电

1—余光电流；2—先驱放电电流；3—主放电电流；4—跳跃式先驱放电；

5—主放电；6—余光；7—箭形先驱放电；8—第二次主电流

t_1—（5 ~ 10）$\times 10^{-3}$s；t_2—（5 ~ 10）$\times 10^{-5}$s；t_3—（3 ~ 5）$\times 10^{-2}$s

（1）直接雷击。“雷云—地面”间放电时，释放能量平均约 200MJ ~ 20GJ，瞬间感应电压高达 2 万 V/cm；其温度可达 30000℃，完全可以引爆邻近的电力或非电起爆网路，甚至直接引爆炸药。

（2）静电感应。电起爆网路处于“雷云—大地”间的电场时，导线本已感应出与雷云电荷符号相反的大量电荷。放电后电场瞬间消失，导线带的电荷来不及流散，由此产生导线对大地的静电感应电压可达 100 ~ 1000kV，电雷管导线绝缘能力低，在被击穿瞬间即有电流在电起爆网路与大地之间通过引爆电雷管。

（3）电磁感应。雷电放电时，电流幅值、陡度极大（见图 5-1），在其周围会产生变化极大的电磁场，处于该场内的电爆网路导线就会感应出强大的电动势，使场内金属环端头间隙间出现火花放电；也可使构成闭合回路的金属导线产生感应电流，如回路内导线接触不良，就会导致局部发热而引爆雷管。

剖析雷电事故发现，后两种危害出现频率较高。预防雷电危害的措施是：

1）掌握爆区气象规律，调查当地历年气象记录，了解每年雷电多发季节和每天常发时间段，作为选定起爆方法和起爆时间的依据。应尽可能避开在雷雨季节进行露天爆破施工。当必须在雷雨季节实施露天爆破作业时，应尽量选用非电起爆方法。

2）爆破施工期间，暂时切断一切通往爆区的铁轨、金属管道等导体。

3）进行露天爆破作业装药联线时，发现雷电征兆应停止作业，全体作业人员立即撤离到安全区域。

4）在露天爆区、炸药加工场或炸药堆放场周围设置封闭的避雷针群，可以构成类似屏蔽作用的避雷保护区，如图 5-2 所示。

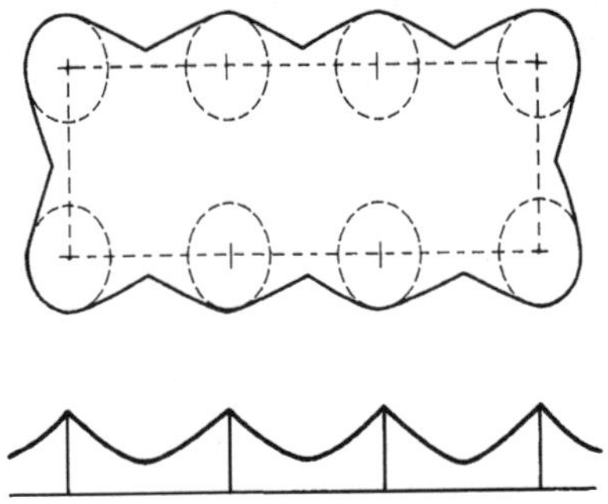

图 5-2　避雷保护区示意图

单根避雷针由顶部受电端、中部导雷线和底部接电极三部分组成；各部分之间必须焊接可靠，绝不能断开。爆区上空出现雷云时，它所感应的电荷可经导雷线引向尖端与雷电中和以避免雷击。遇到直接雷击时，也可将雷电流导入大地散失。各避雷针间距应小于其高度的 2 倍，并用导线相互连接可靠，使保护区内介质保持等电位状态。在南方某大型硐室爆破中就曾用该法实现安全无事故。

5.1.2　静电

（1）人体静电。人在日常活动过程中，穿着用品相互之间，以及它们与人体或其他用品（材料）之间会因接触、摩擦而产生静电。据测定：穿着塑料底鞋的人在绝缘地面行走时静电压可达数千伏；而穿、脱化纤衣料服装时静电电压更高达数十千伏。人体就是一个活动的导体，很易因静电感应导致火花放电而诱发意外爆炸。国内已多次出现这类早爆事故。

（2）粉体静电。压气装药是通过压缩空气驱动管道内的炸药颗粒装入炮孔的。同整卷炸药相比，输药管内的炸药颗粒具有分散、悬浮的粉体特点。因其分散，使颗粒的表面积比同类、等重的药卷炸药表面积大很多，增加了颗粒与管壁间的接触机会，更易发生摩擦产生静电，因其悬浮，颗粒通过空气与岩体绝缘，静电难于泄漏，易于积累，从而产生电压很高的粉体静电，对电爆网路构成“早爆”威胁。

综上所述，预防静电危害的原则就是：促使不产生或少产生静电，已产生的静电及时引导外泄。根据工程实际情况及现场条件，可采取以下预防措施：

1）进行爆破器材加工、爆破作业时，工作人员不应穿化纤材料服装；

2）增大压气装药场所的空气相对湿度，可采用在地面、岩壁洒水的方法；

3）采用半导电材料的输药管，为便于导出炮孔内静电，管体电阻不得大于 5×10^5；

4）装药设备系统接地良好，接地电阻不大于 $1\times10^5\Omega$。靠胶轮移动的金属装药器应设专用接地线；为提高接地效果，接地处可喷水润湿或布撒少许硝铵炸药；

5）向炮孔装药时，禁用非电套管，以防阻碍孔内炸药颗粒所带电荷泄入大地；

6）采用抗静电的低感度电雷管代替普通电雷管；

7）采用非电起爆方法代替电起爆。

5.1.3　感应电

（1）交变感应电。交变电磁场存在于电力设施（包括发电厂、变电站、换流站、开关站、电力线路以及接地回馈钢轨等）附近空间，在其作用范围内的电爆网路可看做是闭合的环形线圈接受电磁能量而产生交变感应电。

当电爆网路与高压电力线处于同一平面内时，感应电流最大；当电爆网路与高压电力线倾斜相交时，感应电流较小；当电爆网路与高压电力线垂直相交时，感应电流最小。

（2）射频感应电。射频电磁场存在于射频源（广播电台、电视发射台、中继台、转播台、雷达发射台（机）以及各类通讯设备等）附近空间，在其作用范围内的电爆网路（电雷管）可看做是天线结构接受电磁能量而产生射频感应电。

广播电台的中波段（频率 0.535～1.605MHz）发射机功率较大，频率较低，衰减较慢，故在电爆网路上射频感应较强，最应重视。

广播电台的短波、超短波、调频段以及电视台（大体是 5.8～500MHz）发射功率虽然也大，但因其发射天线一般都处于高塔顶端，发射电磁波在地平面产生叠加效应会削弱电磁场强度，频率高导致衰减快，所以射频感应相对弱些。

移动式通讯设备发射功率虽然不大，但可直接进入爆破现场产生影响，其危害不应忽视，经测定，功率 0.1W 的无线电报话机（发射频率 27MHz）在距电雷管 2.2m 以远处才是安全的。

为预防感应电导致电雷管早爆的危害，可采取以下措施：

1）调查爆区附近外部电源（电力设施、射频发射源）情况，掌握其位置、功率、工作频率、发射功率等。电雷管爆区与高压线的安全距离应符合《爆破安全规程》表 5-1 的规定；与广播电台或电视台发射机的安全距离应符合表 5-2、表 5-3、表 5-4 的规定。

表 5-1　爆区与高压线的安全允许距离

电压/kV		3～6	10	20～50	50	110	220	400
安全允许距离/m	普通电雷管	20	50	100	100	—	—	—
	抗杂电雷管	—	—	—	—	10	10	16

表 5-2　爆区与中长波电台（AM）的安全允许距离

发射功率/W	5 ~ 25	25 ~ 50	50 ~ 100	100 ~ 250	250 ~ 500	500 ~ 1000
安全允许距离/m	30	45	67	100	136	198
发射功率/W	1000 ~ 2500	2500 ~ 5000	5000 ~ 10000	10000 ~ 25000	25000 ~ 50000	50000 ~ 100000
安全允许距离/m	305	455	670	1060	1520	2130

表 5-3　爆区与移动式调频（FM）的安全允许距离

发射功率/W	1 ~ 10	10 ~ 30	30 ~ 60	60 ~ 250	250 ~ 600
安全允许距离/m	1.5	3.0	4.5	9.0	13.0

表 5-4　爆区与高频（VHF）、（UHF）超高频电视发射机的安全允许距离

发射功率/W	1 ~ 10	$10 \sim 10^2$	$10^2 \sim 10^3$	$10^3 \sim 10^4$	$10^4 \sim 10^5$	$10^5 \sim 10^6$	$10^6 \sim 5 \times 10^6$
VHF 安全允许距离/m	1.5	6.0	18.0	60.0	182.0	609.0	
UHF 安全允许距离/m	0.8	2.4	7.6	24.4	76.2	244.0	609.0

注：调频发射机（FM）的安全允许距离与（VHF）相同。

2）在爆区现场用电引火头代替电雷管进行电爆网路模拟试验，当电引火头出现燃烧或爆炸。

3）进入爆区前将手持式或移动通讯设备事先关闭。

4）电爆网路应顺直、贴地铺平，尽量缩小导线圈定的闭合面积。

5）网路主线应用双股导线或相互平行、紧贴的单股线（两股线相距不超过 15cm）。

6）网路导线与电雷管脚线都不准接触任何天线，且不准其一端接地。

5.1.4　杂散电

流散在大地中的电流统称杂散电流，以其大小、方向杂乱无章，随时都在变化为特点。

爆区杂散电流主要来自以下场合：地下工程、矿山巷道内由直流电机车牵引网路流经矿岩、金属物导体返回大地的直流电；由动力、照明电路导线绝缘损坏漏电而产生的交流电；硝铵炸药装药过程撒落地面遇水溶解电离产生化学电等。

在有金属导体存在的场所，杂散电流主要分布在不同导体之间。导电率越高的导体，杂散电流也越大。测试表明："金属管道—铁轨"间杂散电流最大，"金属矿岩—岩石"间次之，"岩体—岩体"或"岩体—矿石"间最小。在均质同类岩体中因电阻较大，彼此靠近的两点间电位差很小，故杂散电流也小，不可能引爆电雷管。但当电雷管脚线或电爆网路导线与个别导电岩体、铁轨、金属管道或其他导体接触时，就可能产生较大杂散电流而引发爆炸。无金属导体场合主要是大地自然电流，一般都小于电雷管的起爆电流，不会危及安全。测量杂散电流的对象包括金属物（铁轨、金属管道和其他金属堆积物）、岩体、矿石等。其中任何两种物体或同种物体内任何两点连接起来都可构成一对测量对象，如图 5-3 所示。

检测杂散电流必须使用专用测量仪表（杂流表）。装药前应先用专用仪表检测爆区的杂散电流。当杂散电流值超过 30mA 时，应立即采取下列预防措施：

（1）采用抗杂散电流电雷管或改用非电起爆；

（2）将临近爆区的所有电力线与大地绝缘，并设置一条同所有用电设备金属框架相连接的独立公用回流线；

（3）减少电力牵引系统产生的杂电，使各根铁轨间连接良好，不留空隙；

（4）检修所有电器及照明电路，确保接地良好，增设电路故障时的保护性断路装置；

（5）药室爆破装填硝铵炸药时，注意防止将硝铵炸药撒落在潮湿地面；

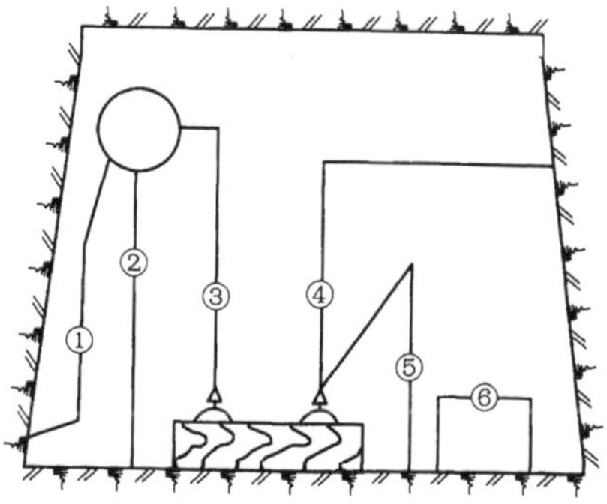

图 5-3　杂散电流测量对象

1—管对帮；2—管对地；3—管对铁轨；4—铁轨对帮；5—铁轨对地；6—地对地

（6）爆破场所不应有金属导体。不得将金属物体或其他导体装入有电雷管的爆孔内。

5.2 爆破地震

5.2.1 地震的震级和烈度

地震学用震级和烈度来衡量地震的大小。

（1）震级。震级也称地震强度，用以说明某次地震本身的大小。它是直接根据地震释放出来的能量大小确定的。用一种特定类型的、放大率为 2800 倍的地震仪，在距震中 100km 处，记录图上量得最大振幅值（以 1/1000mm 计）的普通对数值，称为震级。例如，最大振幅为 0.001mm 时，震级为“0 级”；最大振幅值为 1mm 时，震级为“3 级”；最大振幅值为 1m 时，震级为“6 级”。

地震震级的能量可用爆炸能来说明。在坚硬岩石（如花岗岩）中，用 $(2\sim3)\times10^6$kg 炸药爆炸，相当于一次 4 级地震。一次 8 级地震的功率大约相当于 100 万人口城市的发电厂在 20～30 年内所发出电力的总和。由此可见，虽然地震仅仅发生于瞬时的变化，但地震释放出来的能量却是巨大的。

（2）烈度。烈度是指某一地震在具体地点引起振动的强度标准，它标志着地震对当地的实际影响，作为工程建筑抗震设计的依据。烈度不是根据地震仪器测定的。判断烈度大小是根据人们的感觉、家具及物品振动情况、房屋及建筑物受破坏的情况，以及地面出现的崩陷、地裂等现象综合考虑后确定的。因此，地震烈度只能是一种定性的相对数量概念，且有一定的空间分布关系。

烈度用烈度表衡量。1957 年，在历次国内地震调查资料的基础上，以我国的房屋和碑、塔、牌坊等常见特殊结构物的破坏现象为主要依据，取新式砖石结构房屋为中外建筑物的共同标准，我国编制了自己的新地震烈度表见表 5-5，以便于和各国通用烈度表对比接轨，求得统一的烈度标准。

表 5-5　天然地震烈度表

烈度	主要标志
1	人无感觉，只有仪器才能记录到
2	个别完全静止的人才能感觉到
3	室内少数静止的人感觉振动，悬挂物有时轻微摇动
4	室内几乎所有人和室外大多数人有感觉，少数人从梦中惊醒，门、窗、顶棚、器皿等有时有轻微响声
5	室内几乎所有人和室外大多数人能感觉到，多数人从梦中惊醒，挂钟停摆，不稳的物体翻倒或落下，墙上灰粉撒落，抹灰层上可能有细小裂缝
6	一般民房少数损坏，简陋的棚窑少数破坏，甚至有倾倒的，潮湿疏松的土里有时出现裂缝，山区偶尔有不大的滑坡
7	一般民房大多数损坏，少数倾倒；坚固的房屋也可能有破坏的。民房烟囱顶部损坏，个别牌坊、塔或工厂烟囱轻微损坏。井水、泉水水位有时变化
8	一般民房大多数损坏，少数破坏；坚固的房屋也可能有倾倒的，有些碑石和纪念物损坏、移动或翻倒。山坡的松土和潮湿的滩土，裂缝宽达 10cm 以上；水位较高处，常夹有泥沙和水流出，土石松散的山区，常有大滑坡。人畜有伤亡
9	一般民房多数倾倒；坚固的房屋许多遭受损坏，少数破坏
10	坚固的房屋许多倾倒。地表裂缝成带，断续相连，总长度可达几公里，裂缝有时局部穿过坚实的岩层
11	房屋普遍毁坏。山区有大规模的崩滑，地表产生相当大竖直和水平断裂，地下水剧烈变化
12	广大地区内，地形、地表水系及地下水剧烈变化。动物和植物遭到毁灭

必须指出：地震震级与地震烈度是两个不同的概念，不可混淆。如把地震比做装药爆炸，那么，装药量就相当于地震震级，而装药在爆炸时的破坏作用则是地震烈度。一次地震只有一个震级，但在不同地区可以有不同的烈度，因为在一个地震区域内，不同部位的破坏程度是不同的。在地底下发生地震的地方，称为震源。地面上与震源相对处，称为震中。显然，震中区的烈度（叫震中烈度）就比其他地方的大。所以震中烈度就是最大烈度，用以表示该次地震的破坏程度。

5.2.2　爆破地震波

5.2.2.1　爆破地震波的产生

当炸药在固体介质中爆炸时，爆炸冲击波和应力波将其附近的介质粉碎、破裂（分别形成粉碎圈和破裂圈），当应力波通过破裂圈后，由于它的强度迅速衰减，再也不能引起岩石的破裂而只能引起岩石质点产生弹性振动，这种弹性振动是以弹性波的形式向外传播，与天然地震一样，也会造成地面的震动，这种弹性波称为爆破地震波。

爆破地震波由若干种波组成，它是一种复杂的波系。根据波传播的途径不同，可分为体波和表面波两类。体波是在岩体内传播的弹性波，包括纵波和横波。表面波是沿着介质内、外表面传播的弹性波，包括瑞利波和勒夫波。

5.2.2.2　爆破地震波的特征

我国科研工作者在研究分析了众多测试成果后，提出爆破地震波有如下特征：

（1）近距离的振动波形比较简单，基本上是一个脉冲，脉冲的时间长度随药量的增加而增加。

（2）随着距离的增加，振动波形趋于复杂化，出现在振动初期的最大振幅逐渐向后推移。

（3）存在着相似关系，即试验数据（如最大振动速度）按参数（$Q^{1/3}/R$）来整理时，在对数坐标中基本落在一条直线上。

爆破地震作用的持续时间一般为0.4～2.0s，随介质性质和与爆源距离的不同而异。其中前震段持续时间约0～0.6s，主震段持续时间约0.15～0.8s，尾震段持续时间约0.2～0.8s。观测表明：随着远离爆源，爆破地震波的最大幅值逐步衰减，振动频率也有所下降；但在一定范围内振动作用时间则有所增加。

5.2.2.3 爆破地震效应

由爆破地震波引起的振动，常会造成附近地面以及地面上物体产生颠簸和摇晃，称为爆破地震效应。爆破地震效应是否可以引用天然地震烈度的概念来描述呢？下面就此做简要分析。爆破地震与天然地震一样，都是由于能量释放，并以地震波形式向外传播，引起地表振动而产生破坏效应的。它们造成的破坏程度又都受地形、地质等因素影响。但天然地震发生在地层深处，其造成破坏的程度主要决定于地震能量（震级）与距震源的远近。爆破地震的装药则是在地表浅层处爆炸的，其造成破坏的程度主要决定于装药量与距震源的远近。

分析大量天然地震与爆破地震的观测数据后，得出以下几点认识：

（1）爆破地震振动幅值虽大，但衰减很快，破坏范围并不大；天然地震振动幅值虽小，但衰减缓慢，破坏范围比前者大得多。

（2）爆破地震地面加速度震动频率较高（约10～20Hz以上），远超过普通工程结构的自振频率；天然地震地面加速度震动频率较低（一般2～5Hz），与普通工程结构的自振频率相接近。

（3）爆破地震持续时间很短，以药量万吨级爆破为例，在近区仅1s左右；天然地震主震持续时间多在10～40s间。

由此可得出重要结论：在某处测得的爆破地震参数值（地面振动的速度或加速度值），是不能套用参数相等的天然地震烈度来估计该处破坏后果的。爆破地震的实际破坏效果要比相同烈度的天然地震小得多。例如，万吨级硐室爆破时，在某厂房测得参数值相当于天然地震烈度8度，但宏观调查并未发现房屋结构有任何破坏现象。

5.2.3 爆破地震的安全判据和安全允许距离

5.2.3.1 爆破地震的衡量标准

爆破地震破坏的强弱程度称为振动强度。振动强度可用地面运动的各种物理量来表示，如质点振动速度、位移、加速度等。通过对大量爆破振动量测数据研究后得出，用质点振动速度来衡量爆破振动强度更合理。理由是：

（1）质点振速与应力成正比，而应力又与爆源能量成正比，因此振速即反映爆源能量的大小。

（2）以质点振速衡量振动强度的规律性较强，比较适用于不同的测量仪器、不同的测量方法和不同的爆破条件。

(3) 质点振动与地面运动密切相关。分析大量实测数据表明，结构的破坏与质点振动速度的相关关系比位移或加速度的相关关系更为密切。

(4) 质点振动速度受地面覆盖层类型和厚度的影响较小，而地面运动的多数参数则都会受到很大影响。例如在低弹性模量的土壤中，应力波传播速度低；随覆盖层厚度增加，振动频率明显下降，地面质点位移就会增大。在不同类型和不同厚度的覆盖层中进行的试验结果表明，虽然地面运动的多数参数会随着覆盖层厚度的变化而变化，但对于引起结构破坏的质点振动速度却未受到明显影响。

一般情况下，把爆破振动速度控制在《爆破安全规程》规定的范围内可以保证正常房屋不致受到破坏。

5.2.3.2 爆破振动的安全判据

目前我国也和大多数国家一样，评价各种爆破对不同类型建（构）筑物和其他保护对象的振动影响时，采用了不同的安全判据和允许标准。《爆破安全规程》规定：地面建筑物的爆破振动判据，采用保护对象所在地质点峰值振动速度和主振频率；水工隧道、交通隧道、矿山巷道、电站（厂）中心控制室设备、新浇大体积混凝土的爆破振动判据，采用保护对象所在地质点峰值振动速度。安全允许标准如表5-6所示。在表5-6中未列出的保护对象，其爆破振动安全允许标准可参考类似工程或保护对象所在地的设计抗震烈度值来确定爆破振动速度极限值，见表5-7。

表5-6 爆破振动安全允许标准

序号	保护对象类别	安全允许振速/$cm \cdot s^{-1}$		
		<10Hz	10～50Hz	50～100Hz
1	土窑洞、土坯房、毛石房屋[a]	0.5～1.0	0.7～1.2	1.1～1.5
2	一般砖房、非抗震的大型砖砌建筑物[a]	2.0～2.5	2.3～2.8	2.7～3.0
3	钢筋混凝土结构房屋[a]	3.0～4.0	3.5～4.5	4.2～5.0
4	一般古建筑物与古迹[b]	0.1～0.3	0.2～0.4	0.3～0.5
5	水工隧道[c]	7～15		
6	交通隧道[c]	10～20		
7	矿山巷道[c]	15～30		
8	水电站及发电厂中心控制室设备	0.5		
9	新浇大体积混凝土[d]： 龄期：初凝～3天 龄期：3～7天 龄期：7～28天	 2.0～3.0 3.0～7.0 7.0～12		

注：1. 表列频率为主振频率，系指最大振幅所对应波的频率；

2. 频率范围可根据类似工程或现场实测波形选取。选取频率时亦可参考下列数据：硐室爆破<20Hz；深孔爆破10～60Hz；浅孔爆破40～100Hz。

a 选取建筑物安全允许振速时，应综合考虑建筑物的重要性、建筑物质量、新旧程度、自振频率、地基条件等因素；

b 省级以上（含省级）重点保护古建筑与古迹的安全允许振速，应经专家论证选取，并报相应文物管理部门批准；

c 选取隧道、巷道安全允许振速时，应综合考虑构筑物的重要性、围岩的状况、断面大小、深埋大小、爆源方向、地震振动频率等因素；

d 非挡水新浇大体积混凝土的安全允许振速，可按本表给出的上限选取。

表 5-7 建筑物抗震烈度与相应地面质点振动速度的关系

建筑物设计抗震烈度/（°）	5	6	7
允许地面质点振动速度/cm · s^{-1}	2 ~ 3	3 ~ 5	5 ~ 8

地面建筑物的爆破振动判据要采用质点峰值振动速度和主振频率两个指标，这是因为：

（1）从理论上讲，地震动是由不同频率、不同幅值在一个有限时间范围内组合的随机过程。地震动的最大振幅、频率和持续时间是表征地震的“三要素”，而最大振幅又与速度、加速度密切相关。

（2）从工程上看，结构在爆破作用下的反应与频率特性的关系也十分密切。

（3）从国外发展趋势看，采用速度-频率作为地震强度指标也是势在必行。

这些规定都是在总结我国十余年工程爆破实践和大量科研观测成果的基础上，历经爆破界多次讨论研究后得出的，其科学合理，简便实用，可操作性强，是能够解决一般爆破振动安全问题的。对表 5-6 没有包括的一般保护对象的爆破振动安全标准，可参照规程规定经设计论证提出；特别重要的保护对象的安全判据和允许标准，应由专家论证提出。

5.2.3.3 爆破振动速度的计算

我国常用下列公式计算爆破振动安全允许速度：

$$v = K\left(\frac{Q^{1/3}}{R}\right)^{\alpha} \tag{5-1}$$

式中 v——保护对象所在地面质点振动速度，cm/s；

Q——一次爆破装药量（齐爆为总装药量，延迟爆破为最大一段装药量），kg；

R——爆心至观测点的距离，m；

K、α——与爆破点至计算保护对象间的地形、地质条件有关的系数。

K、α 值可按表 5-8 选取，或通过现场试验确定。

表 5-8 爆区不同岩性的值

岩 性	K	α	岩 性	K	α
坚硬岩石	50 ~ 150	1.3 ~ 1.5	软 岩	250 ~ 350	1.8 ~ 2.0
中硬岩石	150 ~ 250	1.5 ~ 1.8			

5.2.3.4 爆破振动安全允许距离的计算

在爆破设计时，为避免爆破振动对周围建筑物产生破坏性影响，必须计算爆破振动的安全允许距离。如果建筑物位于安全允许距离以内，则需将建筑物拆迁，如果建筑物不允许拆迁，则需要减少一次爆破的装药量，控制一次爆破的规模。

（1）单个药包爆破振动安全允许距离按下式计算：

$$R_c = \left(\frac{K}{v}\right)^{1/\alpha} Q^{1/3} \tag{5-2}$$

式中符号含义同式（5-1）。

（2）群药包爆破振动安全允许距离。群药包爆破时，如是齐爆、各个药包到保护对象间的距离相差不超过 10% 时，则用各个药包的药量总和代表式（5-2）中的 Q；如果各个药包到保护对象的距离相差超过 10%，则应按等效药量来计算爆破振动安全允许距离，计算公式为：

$$Q_e = Q_1\left(\frac{R_e}{R_1}\right)^3 + Q_2\left(\frac{R_e}{R_2}\right)^3 + \cdots + Q_m\left(\frac{R_e}{R_m}\right)^3 \tag{5-3}$$

$$R_e = \frac{Q_1^{1/3}R_1 + Q_2^{1/3}R_2 + \cdots + Q_m^{1/3}R_m}{Q_1^{1/3} + Q_2^{1/3} + \cdots + Q_m^{1/3}} \tag{5-4}$$

式中　Q_1，Q_2，…，Q_m——各个炮孔的装药量，kg；

R_1，R_2，…，R_m——各个装药至保护对象的距离，m；

Q_e——等效药量，kg；

R_e——等效爆破振动安全允许距离，m。

（3）条形药包（中深孔）爆破振动安全允许距离。将条形药包以 1 ~ 1.5 倍最小抵抗线长度分为多个集中药包，参照群药包爆破时的方法计算其等效距离和等效药量。

5.3　爆破冲击波

5.3.1　爆破冲击波的产生和传播

药包在空气中爆炸时，由于爆炸反应速度极快，药包周围介质来不及发生扰动，在此瞬间爆炸产物高速向空气中膨胀，周围空气压缩，形成压力很高的冲击波。最初以极高的速度运动，随后由于能量不断消耗，其速度迅速衰减，波阵面后压力急剧下降。当爆炸产物膨胀到某一特定体积（或极限体积）时，它的压力降至周围介质未扰动时的初始压力 p_0，但爆炸产物并没有停止运动，由于惯性作用而过度膨胀，一直到某最大容积。此时，爆炸产物的平均压力低于介质未扰动时的初始压力，出现了“负压区”。典型的冲击波脉动压力波形曲线简称 Δp-t 曲线，如图 5-4 所示。

冲击波在空气中传播的情况如图 5-5 所示，图中 t_1，t_2，t_3，t_4 分别表示爆炸后的不同时间。

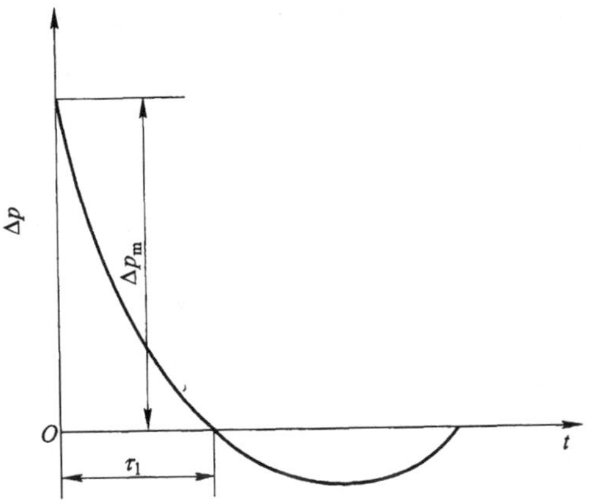

图 5-4　空气冲击波 Δp-t 曲线

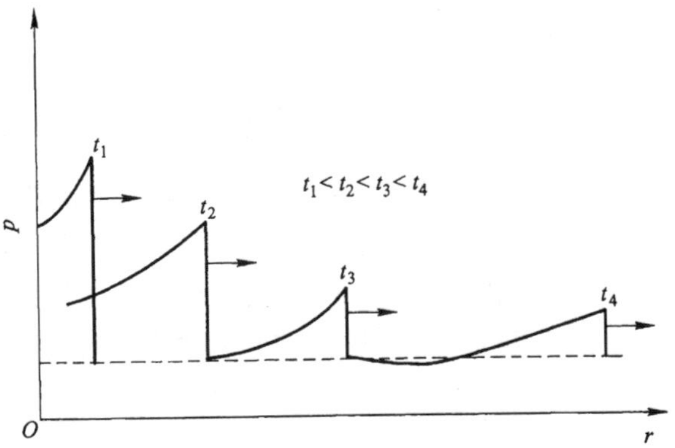

图 5-5　冲击波在空气中传播的情况示意图

从图中可以看出，空气冲击波在传播过程中，波阵面上的压力、速度等参量下降较快，其正压区随时间增加而不断拉长，压缩区内的空气量逐渐增加，使得单位质量空气的平均能量下降。此外，当高强度冲击波对空气进行冲击绝热压缩时，将使气体温度升高，产生不可逆的能量损耗。如果空气冲击波是沿巷道传播，由于要推动巷道内空气一起运动，同时必须克服巷道表面摩擦力，并消耗部分能量。

因此，空气冲击波在传播过程中波阵面压力必然迅速衰减，且初始阶段衰减快，后期衰减慢；最后达到初始压力值，冲击波就衰减为声波了。

药包在水中爆炸时，爆炸冲击波在水中传播的情况就有所不同。由于水的密度约为空气的800倍，且无明显的可压缩性，所以与空气冲击波相比，水下冲击波具有传播速度快、传播距离远以及无典型的压缩区和负压区（稀疏区）等特征。水中声速（20℃时为1437m/s）为空气中声速（20℃时为344m/s）的4倍；故水下冲击波传播速度大致相当于同样强度空气冲击波速度的3~4倍，据介绍，100kg炸药地面爆炸时距爆心700m处超压峰值约0.89kPa，而同样药量水下爆炸时，相同距离处超压峰值达176kPa，两者相差200倍。

5.3.2 爆破冲击波的安全判据和安全允许距离

（1）露天裸露爆破大块时，一次爆破的炸药量不大于20kg时，按式（5-6）确定空气冲击波对在掩体内避炮作业人员的安全允许距离。

$$R_k = 25\sqrt[3]{Q} \tag{5-6}$$

式中 R_k——空气冲击波对掩体内人员的最小允许距离，m；

Q——一次爆破的炸药量，kg；秒延期爆破取最大分段药量计算，毫秒延期爆破按一次爆破的总药量计算。

《爆破安全规程》规定的空气冲击波超压安全允许标准：对人员为2kPa；对建筑物按《爆破安全规程》表6取值。空气冲击波安全允许距离，应根据保护对象所用炸药品种、地形和气象条件由设计确定。

爆破作用指数 n 小于3的爆破作业，对人员和其他保护对象的防护，应首先考虑个别飞散物和地震安全允许距离。

（2）地下爆破时，空气冲击波由于受爆破空间所限，传播途径复杂，其危害效应要比相同药量爆炸的露天空气冲击波严重得多。《爆破安全规程》规定：地下爆破时对人员和其他保护对象的空气冲击波安全允许距离由设计确定。

（3）水下爆破冲击波的安全判据和安全允许距离根据水域情况、药包设置、覆盖水层厚度以及保护对象情况而定。可按照不同情况根据《爆破安全规程》有关规定执行。

水下裸露爆破，当覆盖水厚度小于3倍药包半径时，对水面以上人员或其他保护对象的空气冲击波安全允许距离的计算原则与地面爆破相同。

在水深不大于30m的水域内进行水下爆破，水中冲击波的安全允许距离应遵守下列规定：对人员：按《爆破安全规程》表7确定。

对船舶：客船1500m；施工船舶按《爆破安全规程》表8确定；非施工船舶可参照《爆破安全规程》表8和式（5-7）根据船舶状况由设计确定。一次爆破药量大于1000kg

时，对人员和施工船舶的水中冲击波安全允许距离按式（5-7）计算。

$$R = K_0 \sqrt[3]{Q} \tag{5-7}$$

式中　R——水中冲击波的最小安全允许距离，m；

K_0——系数，按《爆破安全规程》表9选取；

Q——一次起爆的炸药量，kg。

在水深大于30m的水域内进行水下爆破时，水中冲击波安全允许距离，应通过实测和试验研究确定。

在重要水利工程中、港口设施附近及水产养殖场或其他复杂环境中进行水下爆破，应通过测试和邀请专家研究确定安全允许距离。

5.4　爆破飞散物

5.4.1　爆破飞散物的产生和危害

爆破作业中产生的飞散物主要是土石爆破中的飞石（土）和拆除爆破中的材料破片（碎块）。

土石爆破时，部分岩块脱离岩体抛掷至远处，称为爆破飞石（土）。个别飞石（土）是因为炸药爆炸能破碎土石后，还有较多剩余气体能量继续作用于碎石，使之获得很大动能及初速，如遇有岩体构造上的薄弱面（断层、裂隙、软夹层等），强大的气体能量即从该处集中冲出，使该部分碎石获得极大的动能并以很高的初速（有时大于岩体鼓包运动的速度几倍）向外飞出。

在露天进行爆破时，特别是进行抛掷爆破和用裸露装药或炮孔装药进行大块破碎时，个别岩块可能飞散得很远，常常造成人员、牲畜的伤亡和建筑物的损坏。根据矿山爆破事故的统计，露天爆破飞石伤人事故占整个爆破事故的27%。

5.4.2　爆破飞散物的飞散距离和安全允许距离

5.4.2.1　爆破飞散物的飞散距离

A　集中药包内部爆破的飞石距离

集中药包内部爆破包括药室（硐室）爆破和药壶爆破。其飞石距离可按下式估算：

$$R_F = 20K_F \cdot n^2 \cdot W \tag{5-8}$$

式中　R_F——个别飞石（土）的安全距离，m；

n——最大一个装药的爆破作用指数；

W——最大一个装药的最小抵抗线，m；

K_F——安全系数，一般取1.0～1.5，根据地形与不同方向上可能产生飞石的条件而定。

式（5-8）对于山坡单侧硐室抛掷爆破和最小抵抗线小于25m的硐室爆破，计算值与实际情况较接近。而对双侧抛掷爆破，计算值偏大，K_F可取0.5～0.8。

由于地形高差的影响，飞石向下滚落后会蹦跳一段距离，这段距离可按下式计算：

$$\Delta X = R_F[2\cos^2\alpha(\tan\alpha + \tan\beta) - 1] \tag{5-9}$$

式中 ΔX——蹦跳距离，m；

R_F——个别飞石的飞散距离，m；

α——最小抵抗线与水平线的夹角，(°)；

β——山坡坡面角，(°)。

B 台阶深孔爆破的飞石距离

瑞典德汤尼克研究基金会提出下列经验公式估算台阶深孔爆破的飞石距离：

$$R_{Fmax} = K_\varphi \cdot D \tag{5-10}$$

式中 R_{Fmax}——飞石的飞散距离，m；

K_φ——安全系数，取 15 ~ 16；

D——药孔直径，m。

由于填塞长度过小或最小抵抗线过大而形成爆破漏斗效应，以及岩石中含有软弱夹层，或梯段深孔爆破由于过量装药、穿孔位置错误、工作面局部超挖、介质不均匀性、岩体有薄弱面、起爆顺序错误等种种原因，个别飞石距离可能大于200m，甚至更远。最不利的情况是采用大直径药孔爆破。

5.4.2.2 爆破飞散物对人员的安全允许距离

《爆破安全规程》规定：除爆破个别飞散物对设备、建筑安全距离须由设计确定外，个别飞散物对人员的安全允许距离应按照表 5-9 确定。抛掷爆破时，个别飞散物对人员、设备和建筑物的安全允许距离应由设计确定，并报单位总工程师批准。

表 5-9 爆破（抛掷爆破除外）时个别飞散物对人员的安全距离

爆破类型和方法	个别飞石的最小安全距离/m	爆破类型和方法	个别飞石的最小安全距离/m
(1) 破碎大块岩矿 裸露药包爆破法 浅眼爆破法	 400 300	(4) 深孔爆破	按设计，但不小于 200
		(5) 深孔药壶爆破	按设计，但不小于 300
		(6) 浅眼药壶扩壶	50
(2) 浅眼爆破法	200（复杂地质条件下或未形成台阶工作面时不小于 300）	(7) 深孔孔底扩壶	50
(3) 浅眼药壶爆破	300	(8) 硐室爆破	按设计，但不小于 300

5.5 爆破有害气体

炸药爆炸会生成一氧化碳和氮的氧化物。此外，在含硫矿床中进行爆破作业，还可能产生硫化氢和二氧化硫。上述四种气体都是有害气体，凡炸药爆炸后含有上述一种或一种以上的气体总称爆破有害气体，人体吸入后轻则中毒、重则死亡。据我国部分冶金矿山爆破事故统计，因爆破有害气体中毒的死亡事故占整个爆破事故的 28.3%。

5.5.1 爆破有害气体的组分与毒性

5.5.1.1 一氧化碳（CO）

一氧化碳（CO）是在供氧不足情况下产生的无色无味气体。其密度是空气密度的

0.967 倍。故总是游离在巷道顶部，易用加强通风驱散。在相同条件下它在水中的溶解度比氧小。

CO 的毒性在于它与血液中的血红蛋白能结合成碳氧血红蛋白，达到一定浓度就会阻碍血液输氧，造成人体组织缺氧而中毒。在含有 CO 成分的空气中呼吸中毒致命的情况，因人而异。在低浓度下短暂接触，会引起头昏眼花、四肢无力、恶心呕吐等，吸入新鲜空气后症状即可消失，也不致产生慢性后遗症。长时间在 CO 含量达 0.03% 环境中生活就极不安全；大于 0.15% 是危险的；达到 0.4% 时人就会很快死亡。必须注意的是，一氧化碳的毒性有累积作用，它与红血球结合的亲和力要比氧与红血球的亲和力大 250 倍。已中毒的人通常并未觉察，但在走进新鲜空气中就会忽然倒下。含有 CO 的血液呈淡红色，饱和程度愈大，红色愈深，且继续到死后，这是判断 CO 中毒的主要症状。

5.5.1.2 氮的氧化物（N_nO_m）

爆破气体中氮的氧化物主要包括 NO、N_2O_3、NO_2/N_2O_4等，一般以 NO_2/N_2O_4为代表。

一氧化氮（NO）是无色无味气体，其密度是空气的 1.04 倍，略溶于水。它与空气接触即产生复杂的氧化反应，生成 N_2O_3。

二氧化氮（NO_2）是棕红色有特殊味的气体，性能不稳定，低温易变为无色的硝酸酐（N_2O_4）气体。

常温下，NO_2/N_2O_4混合气体中 N_2O_4占多数，但受热即分解为 NO_2。因此，一般认为这类混合气体在低浓度、低压力下稳定形式是 NO_2。

NO_2/N_2O_4密度是空气密度的 1.59 倍和 3.18 倍，故爆后可长期渗于碴堆与岩石裂隙，不易被通风驱散，出碴时往往挥发伤人，危害很大。

N_2O_3是一种带有特殊化学性质的气体或混合气体，其物理性质类似 NO 与 NO_2的等分子混合物。它的密度是空气的 2.48 倍。能为水或碱液吸收产生亚硝酸或亚硝酸盐。

NO_2/N_2O 与 N_2O_3易溶于水，当吸入人体肺部时，就在肺的表面黏膜上产生腐蚀，并有强烈刺激性。这些气体会引起刺激鼻腔、辣眼睛、引发咳嗽及胸口痛。低浓度时导致头痛与胸闷，浓度较高时可引起肺部浮肿而致命。这些气体具有潜伏期与延迟特性，开始吸入时不会感到任何征兆，但几个小时（长达 12h）后剧烈咳嗽并吐出大量带血丝痰液，常因肺水肿死亡。

NO 难溶于水，故不是刺激性的，其毒性是与红血球结合成一种血的自然分解物，损害血红蛋白吸收氧的能力，导致产生缺氧的萎黄病。研究表明，NO 毒性虽稍逊于 NO_2，但它常有可能氧化为 NO_2，故认为两者都是具有潜在剧毒性的气体。

5.5.1.3 硫化物

硫化氢（H_2S）是一种五色有臭鸡蛋味的气体，密度是空气密度的 1.19 倍，易溶于水，通常情况下 1 个体积水中能溶解 2.5 个体积 H_2S，故它常积存巷道积水中。H_2S 能燃烧，自燃点 260℃，爆炸上限 45.50%，爆炸下限 4.30%。H_2S 具有很强的毒性，能使血液中毒，对眼睛黏膜及呼吸道有强烈刺激作用。当空气中 H_2S 浓度达到 0.01% 时即能闻到气味，流鼻涕、唾液。浓度达到 0.05% 时，0.5 ~ 1.0h 即严重中毒。浓度达到 0.1% 时，短时间内就有生命危险。

二氧化硫（SO_2）是一种无色、有强烈硫磺味的气体，易溶于水，密度是空气密度的2.2倍，故它常存在于巷道底部，对眼睛有强烈刺激作用。SO_2与水汽接触生成硫酸，对呼吸器官有腐蚀作用，刺激喉咙、支气管发炎，呼吸困难，严重时引起肺水肿。当空气中SO_2浓度为0.0005%时，即能闻到气味。浓度0.002%时有强烈刺激，可引起头痛和喉痛。浓度0.05%时即引起急性支气管炎和肺水肿，短时间内人就会死亡。

5.5.1.4 氡（^{222}Rn）

氡是镭（^{226}Ra）衰变产生的单原子惰性气体，密度9.73kg/m^3，是空气密度的7.5倍。氡能被橡胶、腊等吸附，更易被活性炭、炭所吸附；易溶于脂肪、有机溶剂，能溶于水。

氡经八代系列衰减后成为稳定的元素——铅（^{206}Pb），其他7个主要子体都是金属原子，其中前4个半衰期都比氡的半衰期短，统称为氡子体的短寿命子体。

地下矿岩内氡含量是由矿岩壁面、爆堆、崩落体充填料和地下水等源头通过硐室、巷道、采场和采空区等途径析出进入空气危害人体的。

人在呼吸时吸入含有氡及其子体的空气后，大部分氡子体停滞在上呼吸道；衰变时放出α射线。α粒子进入支气管基底细胞，以电离方式破坏细胞分子化学键，损伤细胞中的染色体，使细胞不能分裂和修复，促其异常增长而癌变。氡还会溶于脂肪和水中，聚集在脂肪较多的器官内衰变产生子体及α射线，表现为出血细胞（红、白细胞）总数升高、血压下降和血管扩张等效应。

5.5.2 爆破有害气体的危害范围和允许浓度

爆破有害气体的危害范围可按以下经验公式确定。

（1）硐室爆破。硐室爆破因药量较大，爆破后会产生大量有害气体，其危害范围按下式计算：

$$R_g = K_g \sqrt[3]{Q} \tag{5-11}$$

式中 R_g——爆破有害气体危害范围，m；

Q——爆破总装药量，kg；

K_g——系数，按统计资料平均为160，下风方向为320。

（2）地下爆破。在计算有害气体总量时，应将其他气体折算成CO含量；其中N_nO_m的毒性系数比为6.5，SO_2、H_2S的毒性系数比为2.5。

地下爆破时，作业面有害气体浓度应每月测定一次；爆破药量增加或更换炸药品种时，应在爆破前后分别测定有害气体浓度。

露天硐室爆破后重新开始作业前，应检查工作面空气中有害气体浓度，且不应超过表5-10的规定值。爆破后24h内应多次检查爆区临近的井、巷、硐内空气的有害气体浓度。

表5-10 地下爆破作业点有害气体允许浓度

有害气体名称		CO	N_nO_m	SO_2	H_2S	NH_3	R_n
允许浓度	体积分数/%	0.00240	0.00025	0.0005	0.00066	0.004	3700 Bq/m^3
	质量浓度/mg·m^{-3}	30	5	15	10	30	

5.6 爆破场地的环境保护

5.6.1 降低爆破噪声的技术措施

爆破噪声是爆破空气冲击波衰减后继续传播的声波，是由各种不同频率、不同强度的声音无规律地组合在一起所形成的杂音。

空气在无声波传播时所具有的压强为静压强。当有声波传播时，该处空气在某瞬时就产生附加压强 Δp，称为瞬时声压。Δp 有正、负值之分，是随时间而不断变化的，常用其均方根值（即有效值）p 来表示，称为有效声压，简称声压。

当频率为 1000Hz 时，正常人耳刚刚能听到的声音声压是 2×10^{-5}Pa，而刚刚使人耳产生疼痛感觉的声压是 20Pa；两者相差 10^6 倍。因其数字变化范围太大，直接以声压绝对值来表示声音强弱程度就不方便记忆使用。因此，从电工学引进一个成倍比关系的对数量“声压级”的系数，用以表示声音的大小，人耳适听的声压级范围是 0 ~ 120dB，声压级 L_p 与声压 p 的关系为：

$$L_p = 20\log\frac{p}{p_0} \tag{5-12}$$

式中 L_p——声压级，dB；

p——声压，Pa；

p_0——基准声压，等于 2×10^{-5}Pa。

声压级 L_p 亦称“声压水平”。基准声压 p_0 亦称“参考声压”（或听阈），这是正常年轻人刚刚能听到的 1000Hz 声音的声压并规定：某声音的声压与基准声压之比的常用对数的 20 倍等于 1，则这个声音的声压级为 1dB，用 dB 表示，且规定基准声压为零级，并等于 2×10^{-11}MPa。当噪声强度为 120dB 时，相应超压为 2×10^{-5}MPa（见图 5-6）。

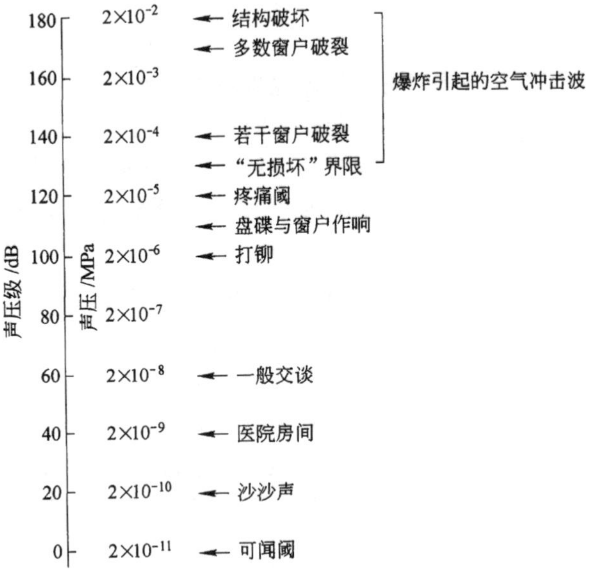

图 5-6 人体、结构对声压级的反应

联合国世界卫生组织（WHO）关于噪声的资料指出：噪声超过 120dB，对人体健康是危险区；90 ~ 120dB，是过渡区；小于 90dB 是安全区。《爆破安全规程》规定：爆破噪声为间歇性脉冲噪声，在城镇爆破作业中每一个脉冲噪声应控制在 120dB 以下。复杂环境条件下，噪声控制由安全评估确定。

在城镇爆破中，宜采用以下措施控制环境噪声污染：

（1）尽量不用导爆索网路，在地表空间不得有裸露导爆索或雷管，不能避免时应覆盖土或水袋。

（2）尽量不用外部药包裸露爆破。

（3）严格控制单位炸药消耗量、单孔药量和一次起爆药量。

（4）保证堵塞质量和堵塞长度，严防冲炮。

（5）实施毫秒微差爆破，在设计起爆顺序时，必须注意防止在保护对象所在地噪声叠加的可能性。

（6）必须使用外部药包爆破时，可综合应用控制药量、覆盖药包、分散布药、分段起爆等措施，将强噪音分解为若干个弱噪音，以此降低噪声污染。

（7）合理安排爆破时间，尽量避免在早晨或下午较晚时间起爆，避开大气效应导致噪声增强；要同邻近单位协商，实施定点、准时爆破，增强人们对噪声的承受能力。

5.6.2 爆破作用范围内水中生物的保护

我国交通部门提出的水中冲击波超压峰值对鱼类的伤害程度见表5-11。

表5-11 水中冲击波超压峰值对鱼类损害程度

超压峰值/MPa	0.7	0.35	0.2
损坏程度	死 亡	重 伤	安 全

国外文献报道了专题研究水中生物受水中冲击波冲击压伤害程度的试验情况，指出充满气体的鱼鳔（消化器膨胀形成）是决定伤害程度的主要因素。凡是鱼鳔发达而大的鱼类，受到水中冲击波强度30～50J/m²即受伤害，且难以恢复；而鱼鳔微小的鱼类、无鳔的虾、蟹、贝壳等，受到水下冲击波强度2500J/m²还未见明显伤害。因而，水中生物可按其耐水中冲击波强度强弱性能分为耐压性弱和耐压性强两大类。实际工作中可根据当地水域水中生物品种情况，采用相应的不同保护标准。

在上述研究成果的基础上，前苏联爆破工作者提出了水中爆破对水中生物危险区域半径的计算公式。

（1）水中裸露爆破危险区域半径：

$$R = K\left(\frac{Q}{E}\right)^{1/2} \tag{5-13}$$

式中 R——危险区域半径，m；

K——炸药品种系数，对TNT取260，对硝铵类炸药取200；

Q——集中药包装药量，kg；

E——水中生物对水中冲击波的安全允许比能，J/m²，耐压性弱的取30J/m²，耐压性强的取2500J/m²。

（2）深孔爆破。大范围水下深孔爆破时，当从爆源到保护对象间的距离远远超过爆破体的线性尺寸时，可把药包看作是集中药量，按下式计算危险区半径：

$$R = 16\left(\frac{H}{E}\right)^{1/4}Q^{1/3} \tag{5-14}$$

式中 H——水深，m；

其他符号意义同前。

对于孔径小于42mm的炮孔药包，危险区半径只取决于导爆索爆炸，而不是主药包爆炸。

综上所述，在靠近有养殖业或水产资源的水域实施岩土爆破或水中爆破时，可根据具体情况，参照上述方法，事先评估爆破飞散物、水中冲击波和涌浪对水中生物的影响，提出可行的安全保护措施：

（1）尽量减少向水域抛落爆岩总量和一次抛落量，需向水域大量抛入岩土时，应事先评估其对水中生态环境的影响，提出可行性报告，经环境保护、生物保护管理部门批准后方可实施；

（2）水下爆破应控制一次起爆药量和采用削弱水中冲击波强度的措施；

（3）起爆前应先驱赶受影响水域内的水中生物；

（4）受影响水域内有重点保护生物时，应与生物保护管理部门协商保护措施；

（5）尽量避开在水中生物繁殖季节实施爆破。

5.7　爆破事故的预防与应急措施

5.7.1　爆破事故的预防

大量工程实践表明，预防爆破事故的措施可以概括为：“精心设计是基础，严谨施工是关键，安全管理是保证”。

5.7.1.1　精心设计，消除安全隐患

（1）调查掌握实施爆破的客观条件。明确工程要求以后，细致调查，掌握爆破对象、周围环境的实际情况，是制定爆破事故预防措施的依据。可通过查阅原始地形、地质资料、岩性资料、建筑物设计资料以及爆区气象、杂散电流、射频电、感应电等外来电源、外来热源和爆区附近作为保护对象的建筑物、设施和人畜等有关资料进行调查；但更重要的是设计人员必须深入现场仔细勘查，掌握第一手资料。

调查工作不可能一次完成，而应贯穿于整个爆破准备工作的全过程。因为，随着爆破准备工作的深入开展。岩体内部地质构造以及建筑物材质、结构情况会逐步暴露，地形也可能因施工而发生改变，爆破设计就必须根据新情况进行修改和调整。

（2）周密设计，合理布药，优化爆破方案和爆破参数。药包的位置和药量的大小，决定着爆破安全和效果；而药包位置、各项爆破参数之间又有密切联系。设计应根据工程要求和现场条件，全面分析对比、综合考虑调整，优化爆破方案和参数，以期得出最佳爆破方案。

在岩土爆破中，先是通过最小抵抗线（W）的方向和数值，选定爆破作用指数（n）及介质单位炸药消耗量（K）。W 应尽量避开正对保护对象，无法避开时可降低 n 值，某大型爆破中面对民房部分的药包都用松动爆破，对最近药包曾实测过七个断面，反复校核 W 值的方向和大小；然后根据药包到民房的实测距离来核算设计药量的实际 n 值。如该值偏大，再调整设计。

（3）确定保护对象安全判据，限定一次齐爆药量。从现有对工程爆破（尤其是岩土爆破）各种危害效应的认识出发；通常先确定最近保护对象所在地面的质点安全允许振动速度，通过经验公式估算出一次齐爆最大允许药量，这是保护对象不受爆破振动破坏的基本保证。控制药量同时也有利于控制其他危害效应。

确定保护对象所处地面的质点安全允许振动速度的方法是：1）经验法。根据《爆破安全规程》表4确定。未列入该表的保护对象，可参考类似工程或保护对象所在地的设计抗震烈度值确定；2）对比法。根据保护对象已经受过的振动强度而未遭破坏的实际情况对比确定。例如，沿海地区常受热带风暴袭击，气象台记录有建筑物（设施）相应的振动响应数据。如建筑物（设施）未出现破坏现象，就可以此作为爆破振动强度的控制值；3）试验法。对某些特殊重要保护对象的爆破允许振动速度，可通过模拟试验确定。某地在拆除电厂主厂房内发电机钢筋混凝土基础时，相距3.0m处即中心控制室，继电器是20世纪30年代产品，没有说明书讲明性能，却要求爆破不能跳闸，决不能引发市中心断电事故。后用模拟试验方法，得出这类继电器在爆破振动加速度1.5m/s^{2}情况下仍未跳闸，决定采用1.08作为爆破振动加速度的控制值，从而圆满完成任务。

必须指出，限定一次齐爆药量只是控制了爆源强度。爆破振动传播受地形、地质条件影响很大；突出的山包、陡坎或台阶部位会增强振动效应，软弱夹层、破裂带、沟渠等会降低震动效应。另外，保护对象所处地基情况、齐爆药包个数、延期起爆或齐爆、间隔时间长短，是否重复多次爆破等因素，对保护对象的抗震能力都有影响；设计时应根据调查结果，采取相应措施予以解决。

（4）分散释放全部能量，实施分段延期起爆，确保准爆。为解决工程规模、工期同爆破安全之间的矛盾，经常采用“一次起爆、多段响炮”起爆技术。

起爆段数取决于工程任务，按工程量及安全要求调整确定。设计起爆顺序取决于：1）减振要求，使每段起爆药量不大于允许起爆药量；2）安全要求，使先爆药包爆破后对后爆药包无不利影响（如：不殉爆、不改变后爆药包抵抗线的方向和大小、不破坏后爆药包结构等）；3）爆破效果要求，如土岩爆破中使先爆药包开创新自由面控制后爆药包定向抛掷。

实现分段延期爆破要设计合理的起爆网路，确保每个药包不误爆（早爆或迟爆）、不半爆、不拒爆。先要根据工程特点，选定正确的起爆方法。电起爆系统稍复杂（设计、器材及施工），受环境外来电潜在威胁大，起爆分段数受延期电雷管段数限制而不能太多；但电起爆器材质量较有保证，可检查网路的施工质量，准爆可靠度大。非电导爆管系统较简便，受环境外来电威胁相对较小，采用少数延期雷管品种，孔内、孔外相结合的延期起爆网路可实现任意延期起爆段。可惜目前国产非电起爆器材质量尚待提高，网路施工质量还无法检查，准爆可靠度相对小些。有鉴于此，雷雨季节或在易遭雷击、外来电影响场合实施爆破时，采用电力起爆必须有周密的安全措施。非电导爆管起爆系统虽不能绝对防止雷电、高压电作用下不引爆，但相对而言，它终究比电起爆要安全些。迄今还没有出现有关雷电（或其他外来电）作用下使导爆管发生误爆的事例；在以上地区的起爆方法仍宜首选非电导爆管起爆系统为好。

促使所有药包释放全部能量，就是要通过网路使之都能接受足够的起爆能达到稳定爆轰。设计起爆网路宜用复式回路形式，确保多向传爆，提高准爆可靠度。要考虑硐室爆破采用较长条形药包时，受先爆药包爆破影响而被分割、断裂的可能性，不妨多设几个起爆点。宜用少量优质、爆速较高炸药做成起爆药包来起爆威力较低的大量炸药，这有利其释放能量，要注意潮湿、有水场合影响爆破器材变质的可能性，切实落实防水措施。

（5）预估可能出现的爆破事故，提出处理预案。要预估爆后可能出现的意外事故，如爆破飞散物、爆破有害气体、爆尘、爆破冲击波、爆破引发火灾、水害、断电、漏气、阻塞交通、爆振危害、药包拒爆等等，并在设计中提出事故预防和应急处理措施，做到“有备无患”，以免措手不及，手忙脚乱而引发新的事故。

5.7.1.2　严谨施工、实现设计要求

（1）设计人员到现场。爆破工程具有特殊性，爆破设计人员必须深入现场，参加施工、指导施工，针对施工中出现的新情况、新问题，及时调整修改设计，确保最终实现设计要求，许多复杂环境条件下的爆破工程就是这样成功的。而有些不显眼的普通土法爆破采石，却由于设计人员遥控指导，任由外行施工，结果抵抗线、装药量严重失控，由原设计松动爆破变为定向抛掷爆破，大量石块飞向办公区，伤人毁物，造成严重后果。

（2）建立、健全各项规章制度。根据工程特点，分别制定各项制度、各类人员岗位职责和关键工序的施工图、技术操作细则，明确安全、质量标准，对全体工作人员进行技术培训，考核合格后持证上岗；切实做到有章可循，有法可依，按图施工，确保安全。管理部门不定期地检查执行情况，发现问题及时纠正。

（3）检查验收，确保关键工序的施工质量。开始装药前必须对药室、药孔进行逐个检查验收，发现不符合设计要求处，坚决纠正。

对药孔，主要检查孔位、孔数、孔深、孔距、倾斜度以及孔内情况（是否受堵、存水等）。对药室，主要检查位置、走向、尺寸、长度、地质构造以及重大施工质量问题等。最后填写《竣工验收登记表》，由施工负责人、验收人分别签字。验收成果是最后确定设计的主要依据，必须足够重视。

（4）保障合格器材，留有备用。爆破器材是实现安全准爆的物质基础，按照《爆破安全规程》规定，使用前必须按产品说明书指标检查性能，坚决不用价廉而质量低劣的产品；对其他器材也同样如此。使用多时段延期雷管后，要及时核查原有雷管、消耗雷管以及剩余雷管的品种、数量是否相符，严防错发、错装雷管品种导致设计起爆顺序错乱引发的爆破事故。施工中必须要有适量备用的器材。电力起爆时起爆源必须双套，其中一套“备用”。

（5）防护措施。在有可能危及人员安全或使邻近建（构）筑物、重要设施遭受损伤的场合进行爆破时，应该采取各项防护措施。对个别飞散物可采用全面防护（覆盖爆破物）、重点防护（在保护对象周围设置遮障）或两者综合的防护措施。全面防护时要注意防止覆盖物破坏起爆网路，要防止先爆药包破坏覆盖而使后爆部分裸霹。采用金属防护材料覆盖时，应将电雷管脚线和导线接头用胶布包缠绝缘，严防短路。当爆破部位较长时，应将覆盖物锚系在不受爆破影响的部位，防止滑落。

（6）布设警戒，严禁无关人员进入。爆破安全距离已在设计中规定，执行警戒中决不可缩小。警戒范围要明确标定在平面图上，通过现场勘查，核定各个岗哨位置及人员、装备。原则是必须封闭可以进入爆破危险区的所有通道。各个岗哨按照事前公布的警戒时间封闭通道，确保人员、车辆不能进入危险区。

（7）爆后安全检查，消除隐患。爆破后，解除警报前要认真对爆破现场进行安全检查，及时发现和消除事故隐患。在确认现场安全后，方可解除警戒。检查人员必须具有丰富的实际工作经验，在岩体稳定后才能进入爆破现场工作，以防被砸伤或埋入碴堆。检查

中如发现有拒爆征兆、塌落未稳定的部分岩体或结构物时，均系事故隐患；应立即在周围设置明显标志，严禁无关人员靠近该处。检查中如发现残存爆炸物品，说明有拒爆、半爆药包，随后清碴中应指派专人负责配合，随时查找和按有关规定正确处理残存爆炸物品。

5.7.1.3 加强安全管理

（1）加强人的管理，主要是组织本单位爆破作业人员参加培训，经考核并取得有关部门颁发的相应类别和作业范围、级别的安全作业证，才能持证上岗。要组织爆破作业人员在工作中学习，相互交流，不断提高安全技术水平。要奖励先进，树立典型，推动单位安全工作不断进步。

（2）加强物的管理，要根据爆破工程的具体情况，对爆破器材的购置、运输、装卸、贮存、发放、检查、应用、销毁等各个环节制定具体操作细则，随时检查执行情况，切实做到账物相符，严防流失，遵章操作，杜绝事故。

（3）建立质量保证体系，按照质量管理体系标准，建立本单位工程爆破质量保证体系，这是预防爆破事故、确保爆破质量的根本措施。列出穿孔爆破质量检查验收表，这是根据国标《质量管理和质量保证系列标准》精神结合本单位具体情况制定的，曾在某大型开山爆破工程中实施，收效显著。

它与一般技术操作细则不同之处在于，完成一道工序后有专人检查、验收、签字后再进入下一道工序。这就加强了操作人员、检查人员的责任感，有效保证了工程的安全和质量。

目前国内已有部分爆破企业按照国际质量管理体系标准要求，制定出本企业工程爆破质量保证体系文件（质量手册、程序文件、作业指导书、检验规程等）并通过国家权威机构认证。强化、提高了企业的内部管理水平。

5.7.2 爆破事故应急措施

发生爆破事故后，爆破单位领导人应立即向上级报告，并以最快速度查明事故具体情况后，成立应急组织机构，各小组同步开展工作。

（1）应急组织机构。应急组织机构应在爆破前建立，由爆破单位领导人或指定专人负责，下设几个专业组：

1）技术组。由主要设计人员和有经验的施工人员组成。负责查明事故具体情况、已造成的危害和事故扩大的可能性；提出事故处理方案和安全保证措施；协同工程组抢险救灾、处理拒爆药包。

2）工程组。由施工人员组成，并配备必要的施工机械和设备工具、消防灭火用具。负责抢险救灾、灭火排险，恢复事故影响范围内的正常生活秩序。

3）医疗组。由医护人员组成，并配备救护车、必需的医疗器械和设备工具，负责抢救伤员。

4）警戒组。由警卫人员组成，配备必要的通讯器材，负责事故现场警戒，禁止无关人员进入现场。

5）通讯组。由电话通讯人员组成和帮助，迅速排除险情，恢复正常。

（2）应急的原则和方法：配以必要的通讯器材。负责沟通信息，及时取得上级指示。

1）封闭事故现场。以往发生事故后人们往往到现场围观，导致现场混乱，极易造成二次事故。因此，对于爆破事故，尤其是重大事故，必须迅速封闭现场，报告主管单位和公安部门，有关单位领导应迅速及时赶到现场，有效组织人员实施应急处理。

2）以人为本。先抢救伤员，再灭火抢险，力争将人员伤亡及物资损失减少到最低限度。

3）沉着应对。根据事故具体情况采取果断措施。切忌慌乱失措，草率处理，再酿新的事故。

4）抢险人员要有自我保护意识和相应保护措施，避免慌乱中深入危区，自陷于难（如抢救巷道掘进爆破中有害气体中毒事故）。

6 爆破工程事故案例选编

由于爆破作业人员违反爆破安全规程、组织不好或操作不当，以及由于爆破作业人员不懂爆破技术，没有采取适当的技术预防措施，往往引发爆破工程事故。本章分类列举部分爆破工程事故案例，并对部分案例做了简要的评注，希望爆破作业人员能从中引以为戒。

6.1 爆破器材引起的事故案例

6.1.1 爆破器材质量问题引起意外爆炸

案例1 1971年11月23日，辽宁某矿在采场进行爆破作业时，由于使用未经鉴定的液氧炸药，发生爆炸事故，造成2人死亡，1人重伤。

案例2 1976年5月28日，承德磷矿1号露天堑沟进行14个硐室7t铵油炸药的松动爆破，用2号岩石炸药作起爆药，炮响后21min，东北角1t硐室又突然起爆。经查实，为一部分2号岩石炸药硬化变质，雷管起爆后仅能使起爆药包燃烧，又由燃烧转为爆轰造成延迟爆破。

案例3 1980年8月21日，某地质队炮工在利川县见天坝地区施工时，用该队自制的测试雷管电表测试雷管，造成18发雷管爆炸，炮工重伤。

案例4 1986年3月，某市广达石场掘进硐室爆破横巷，补3个炮孔，爆破员段某在按规定用导火索点完炮后，未走出横巷（长12m），炮就响了，段某被当场炸死。事后检查发现，该批导火索燃速竟是50s/m［摘自：工程爆破文集（第六辑）第810~811页］。

案例5 1996年，某部十七局承担四川广元机场600t大爆破，未达到设计效果。1999年4月30日，承接施工的武胜某公司在机场进行常规爆破中，诱发了3年前一未爆药室（10t）的爆炸，飞石砸向1km外数十户人家，造成1死26伤。

评注： 实施爆破作业前，应按爆破安全规程4.9.2款、7.5款要求对爆破器材进行现场测试、检验，杜绝采用过期、变质、劣质及未经批准使用的爆破器材。发现爆破器材变质，应及时销毁，不能沿用。在对爆破器材进行质量检查时，必须使用专门的检验仪表。

6.1.2 违章储运爆破器材引起爆炸

案例1 1970年6月，辽宁某矿井下炸药库存放2号铵梯炸药1700kg，雷管500余发，库内用12盏100W灯泡照明，兼作防潮烘烤，有时灯泡直接和雷管接触，造成雷管局部连续受热，致使雷管爆炸，并导致炸药爆炸，死亡47人。

案例2 1972年，西南某矿井下大爆破，用铁架子车运炸药，由于架空线与铁轨短路产生电弧，电弧熔渣使车上的4.3t炸药燃烧，造成炮烟中毒，伤亡××人。

案例3 1972年10月，在土耳其，由于炸药运输车超载，快到库房时，1包炸药从车上掉下来，引起爆炸，3 人死亡，3 人受伤。

案例 4　1976 年 6 月，黑龙江某炸药库 3 名工作人员清扫仓库时，1 名工人往地上扔一个四角包有铁包角的木箱，铁包角撞击水泥地面产生火花，引起散落在地面上的炸药起爆，导致炸药库（存放黑火药 3000kg，发射药 7000kg）爆炸，伤亡惨重。

案例 5　ICI 澳大利亚分公司的一个石灰石采场，使用履带前端铲运机把胶质炸药运往爆炸地点。在铲运机的铲斗中装了 10 箱炸药。当铲运机沿着缓坡向下行驶时，一箱炸药滚出，司机无法看见，铲运机的右侧正好压在炸药上，引起爆炸，并使另外 9 箱炸药也殉爆，司机死亡。

案例 6　1982 年 11 月，某矿七采区发生了一起火雷管爆炸事故。两名工人到矿炸药库领取了 81kg 炸药和 280 发雷管，全部混装在一条麻袋和一条尼龙袋子里，运到采区。他们不顾炸药放置安全与否就把麻袋扔下，一声轰响，炸药雷管爆炸，背药工人当场死亡。

评注： 爆破器材的贮存和运输必须遵照爆破安全规程 7.3 款和 7.4 款的相关要求进行。

6.1.3　违章加工和管理爆破器材引起的爆炸事故

案例 1　1980 年 1 月 10 日，山东某铁矿，工人用炸药烤火，引起炸药爆炸，死亡 8 人。

评注： 必须加强爆破器材的安全管理，严防流失，更不能挪作他用。

案例 2　ICI 澳大利亚分公司的一名工人试图折断一发电雷管的脚线，在拉雷管脚线时，雷管爆炸，一只手被炸伤，腹部撕裂。

案例 3　1984 年 3 月 6 日，某钢铁公司采矿二队的两名工人，在Ⅱ矿体 2870 水平 9 号井 34 号穿脉出矿时，斜溜槽被大块矿石卡住。为了破碎大块矿石，其中一人将 1.5m 带雷管的导火索割去约 1.3m，剩下 0.2m 短捻子点燃，导火索燃速很快，该工人来不及向大块矿石上放，雷管在手中爆炸，致使其左手中指截掉，无名指骨折。

评注： 加工起爆器材，必须遵照爆破安全规程 4.9.3 款的相关要求进行。

案例 4　1985 年 2 月 22 日，广西来宾县寺山乡峡村潘某 2 人用 4 枚雷管当鞭炮放，炸伤 11 人。

案例 5　1985 年 2 月 24 日，安徽某县小煤窑，由于工人在存放有 42kg 炸药的工棚内用煤炉取暖，炉火将工棚烧着引起炸药爆炸，当场炸死 2 人，炸伤 8 人，炸毁房屋 20 余间。

案例 6　1985 年 6 月 15 日，陕西潼关县西窑村 20 多名村民到附近水库中炸鱼，将水库溢洪道闸门上的水泥板炸开两米多长的口子，大水将水库下游 5 个养鱼专业户的鱼全部冲走，并将 3 个便桥冲垮，水坝流水面滑坡 $5000m^3$。

案例 7　1985 年 12 月，广西某县因一人将装有雷管和炸药的提包带进市场，不慎掉到地上引起爆炸，炸死 6 人，伤 22 人。

评注： 爆破器材是易燃易爆物品，在其贮存、运输及使用的过程中应严格遵守爆破安全规程中相关规定，并加强管理，远离火源。煤矿开采中更应远离火源，严禁吸烟。

案例8 1986年4月，新疆某石场未经有关部门批准，私自生产炸药，未等炸药冷却，即装入塑料袋，还放在住人的房间里，由于炸药热量未散发，引起自燃爆炸，死13人，伤7人。

评注： 国家对爆破器材的生产实行严格管制。未经政府主管部门批准，不得擅自生产炸药。

案例9 1995年6月4日上午，江苏江浦县某采石场安全员李某在爆破器材临时贮存室吸烟，烟灰落到雷管上，引起323发雷管瞬间爆炸，李某当场炸死，爆破员丁某被炸伤。

案例10 据煤矿安全生产监察局统计，1995年全国煤矿49起一次死亡10人以上的瓦斯爆炸事故中，有4起是吸烟引起的，其中无证煤矿2起，乡镇（有证）煤矿1起，地方国营煤矿1起。

6.1.4 违章装药引发的爆炸事故

案例1 1978年，山东枣庄某煤矿，用炸药包装纸装煤粉作炮泥用，爆破后引起煤尘爆炸，死亡××人。

案例2 1979年6月30日，山东某煤矿331四分层采煤工作面，由于炮眼封泥过少而发生“冲炮”，分段放炮相距过近、并同时连续放炮而引发瓦斯煤尘爆炸事故，死亡××人。

案例3 1982年2月9日，徐州某煤矿2123工作面用糊炮崩大块矸石，炮响后未崩碎，造成煤尘飞扬，来不及洒水，决定第二次放炮再崩，结果造成煤尘爆炸，死亡××人。

案例4 据煤矿安全生产监察局统计，1995年49起一次死亡10人以上的瓦斯爆炸事故中，有12起是因放炮而引起的。主要为不填炮泥或充填不实，或用煤粉末代替炮泥，导致火焰从炮孔中喷出；放炮母线绝缘不好，引起短路；不用放炮器而用明线搭接放炮；一次装药多次放炮。

评注： 在煤矿爆破中应使用安全炸药，遵照爆破安全规程5.3.7款的要求进行，严禁糊炮，封好炮泥，严禁用煤粉末作为炮泥，不得违规操作。

案例5 ICI澳大利亚分公司某石灰石矿采场，一个凿岩工帮助一个炮工向炮孔里装炸药时，一个胶质炸药包卡在炮孔中。凿岩工把钻机移到炮孔内，用钻机来加压，把药包往孔底推，他用这种方法装了两个以上的药包。跟班管理员询问他时，他说以前就是这样装的。在跟班管理员离开不久，炸药爆炸，这个凿岩工被抛到采场底板上，经抢救无效死亡。这次炸药爆炸是由于钎杆与炸药的摩擦冲击引起的。

评注： 装药施工必须遵照爆破安全规程4.10款的要求进行。

6.1.5 违章销毁爆破器材引发的爆炸事故

案例1 1974年12月，江西某钨矿在尾矿坝销毁火雷管时，把待销毁的火雷管放在地上，点燃导火索起爆，点火后刚一松手，导火索弹回点燃了待销毁的雷管，造成雷管爆炸，死亡2人，重伤1人。

案例2 ICI澳大利亚分公司某矿，在一次拒爆事故之后，一爆破工试图处理一些拒爆的胶质炸药和两小段导爆索，他把这些爆破器材放在焚烧空炸药纸箱的火堆里销毁，引起爆炸，炮工当场被炸死。

评注： 爆破器材的销毁应严格遵照爆破安全规程 7.5 款的要求进行。

6.2　早爆事故案例

6.2.1　雷电引起的早爆

案例 1　1968 年，ICI 公司在澳大利亚的某露天矿，两个工人冒雨进行装药作业，雷电击中爆区，将导爆索起爆系统引爆，当场将两个工人炸死。

评注： 即使采用非电起爆系统，雷电来临时，应停止爆破作业，所有人员应立即撤到安全地点。

案例 2　1974 年 5 月，广东大宝山铁矿在一次电爆破中，全部网路已经连接好，两根主线也已接在起爆器的接线柱上，但起爆器尚未充电，附近发生雷击使全部雷管发生早爆。

案例 3　1977 年 7 月，海南某露天铁矿深孔爆破，用铜壳毫秒电雷管进行并串联起爆，装完药后将电爆网路接成短路，在待爆时爆区附近发生雷击，使 9 个孔全部发生早爆。

案例 4　1980 年 8 月,辽宁南芬露天铁矿深孔爆破,总装药量 80t,孔数达 300 多个,在连线过程中发生雷击,将全部深孔引爆。所幸雷击前工人全部撤离爆区,没有酿成伤亡事故。

案例 5　1992 年 8 月，深圳盐田港一次硐室大爆破。共有 2 条导硐、10 个条形药包，总装药量 28.926t。采用复式并串并电起爆网路。在完成装药开始堵塞施工时，工地突降暴雨，随之雷电骤起，第一次落雷使距爆区 200m 外 1 万伏高压线起火。随后雷电将 2 号硐室一药包（装药量为 2.28t）引爆。2 号硐室被炸塌，酿成死亡 15 人的特大恶性事故。

评注： 雷电在电爆网路中可能产生的电流强度足以引起电雷管爆炸。雷雨天不应采用电爆网路；雷雨季节露天爆破不宜进行预装药作业；当雷电来临时，应停止爆破作业，所有人员应立即撤到安全地点。

6.2.2　杂散电流、感应电流、静电引起的早爆

案例 1　1959 年 10 月，河北寿王坟铜矿在掘进平巷连接雷管的主线时，一根线掉在铁轨上，另一根与巷道的岩帮接触，造成 19 个炮孔中有 7 个孔发生早爆。事故后进行模拟试验表明，同样是 19 个雷管爆炸 7 个。

案例 2　1961 年我国东北某工厂，因静电引起梯恩梯粉碎车间爆炸，同时殉爆了另一个车间，造成重大的损失。

案例 3　据日本矿业劳动灾害防止协会的不完全统计，自 1967 年 3 月到 1972 年 1 月，日本共发生 7 起由压气装药产生的静电所引起的早爆事故。

案例 4　1977 年 7 月，海南某铁矿在 25 个水孔中进行深孔爆破，炸药为浆状炸药，胶质炸药作起爆药，用铜壳微差电雷管。网路接好后连成短路等候起爆，由于杂散电流的作用，25 个深孔中 9 个发生早爆。

案例5 1980年，东北的另一个工厂，由于人体行走产生的静电引起被清点的电雷管爆炸而造成死亡事故。

评注： 采用电爆网路时，应对杂散电进行测试；发现存在危险，应立即采取预防或排除措施。

案例6 1982年4月，在武汉雷达学校附近进行拆除爆破时，加工好的起爆药包在室内发生早爆。

案例7 在日本曾发生过因50W中波发射机的射频能而引起装有电雷管的2.25kg炸药早爆。

案例8 1985年6月，某地质队炮工徐某在两个电台（编码器电台与译码器电台）正在通话情况下，手拿雷管走至离译码器电台天线0.5m处时，雷管发生爆炸，将手炸伤。1986年4月，该队某班长开机与内部编码人员通话时，引起离译码器电台0.6m处一药包（内装电雷管和3kg炸药）爆炸，炸死1人，伤6人。

评注： 采用电爆网路时，应对高压电、射频电等进行调查，应遵守爆破安全规程6.7款的有关规定，立即采取预防或排除措施。

案例9 ICI澳大利亚分公司一个工人提着一个起爆药包（带电雷管），站在风动N-F装药机附近，装药机无接地线，该工人穿胶靴，因提装药器软管使自己身体集聚了足够的电荷，当雷管一个脚线接触人体，一个脚线触地时发生爆炸，将工人炸死。

评注： 进行爆破器材加工和爆破作业的人员，不应穿戴产生静电的衣物；采用机械化装药应遵守爆破安全规程4.10.7款有关规定，防止静电引起早爆事故。

6.2.3 违反操作规程及劣质爆破器材引起的早爆

案例1 1977年7月，某矿在东480平巷放炮时，当班9名操作工，钻炮孔16个，在装炸药时，将1.5m的导火索剪短到0.45m，当点炮到11个时，先点燃的药包起爆，造成炸死2人，重伤3人的重大伤亡事故。

案例2 1978年8月，湖北某矿井下零水平下盘平巷与16号道路分岔处，两名风钻工共装80个炮孔，点火时首先点正迎头（40个），又去点相距5~6m的侧面迎头，当点到最后一个孔时，正迎头响炮了，当场炸死1人。

评注： 采用导火索起爆，应遵守爆破安全规程4.9.4.3款有关规定，防止早爆事故发生。

案例3 1983年1月，某铅锌矿进行药量为952t的硐室大爆破。3号硐18号药室内已装炸药32t、副起爆体3个。还有5t炸药放在硐室内，拟次日装入主起爆体后再装。挂在木牌上的照明灯泡距炸药包垂直高度为40cm。当晚19时刚过，看守人员听到掉渣的声音。19点半左右一守硐人员听到18号药室轰轰的响声，抬头看见一团荧绿色的火光。4人立即跑出硐外报警。硐口很快冒出浓烟，几分钟后发生了爆炸。2号硐被震塌，正在硐内装药的49人被堵在硐内，全都窒息致死，硐外炸死8人。

评注： 装药照明，应遵守爆破安全规程 4.10.5 款和 5.2.10.3 款有关规定。灯泡与炸药堆之间的水平距离不应小于 2m。

案例 4 1984 年，河南某铁矿用变压器输出电缆临时当放炮母线，并关掉总闸；中午堵塞快结束时有人送照明电，将放炮母线也送上了电，造成 4 人死亡，1 人重伤事故。

评注： 采用电力起爆网络，应遵守爆破安全规程 4.9.5.2 款有关规定，防止早爆事故发生。

案例 5 1987 年 7 月，山西某矿 9 号煤层新开巷二煤区，爆破员连好线准备放炮时，安全员等 3 人拟去测量二煤区尺寸，对爆破员说："等量完尺寸再放炮"，并随手将网路主线和支线撕开；安全员等取来皮尺去量测时听到炮响，发现爆破员已倒在现场死亡。事故原因分析：爆破员起爆不响便去查线，发现主线与支线已撕开，未经脱离电源就连接，结果炮响。

6.2.4 硫化矿药包自爆及化学电引起的早爆

案例 1 1962 年 5 月，安徽某矿在硫化矿床内进行大爆破时，药包发生自动爆炸事故。

案例 2 20 世纪 70 年代，江西某铜矿在含硫矿体中进行大爆破时，也发生类似的自爆事故。

案例 3 20 世纪 80 年代初，湖南某铅锌矿，在硫化矿体中使用有底柱分段崩落法采矿，装药时发生严重的伤亡事故，经分析研究也属于硫化矿药包自爆事故。

评注： 药包自爆的原因是，硫化矿石发生氧化反应并放出大量的热量，导致炮孔内的温度升高，最终引起炸药燃烧或爆炸，在高温高硫矿井爆破，必须严格遵守爆破安全规程 5.3.8 款有关各项规定。

案例 4 当不同的金属浸入电解质（如潮湿的地层或导电的炸药）内时，可以产生化学电。例如人们曾设计出一种铝质炮棍用来代替木质炮棍，曾经发生过两次早爆事故。分析其原因是炮孔中的钢套管和碱性钻孔泥浆形成的电池效应引起的。

评注： 金属炮棍、金属套管和任何导电的物体都不应当进入装有电雷管的炮孔内。装药、填塞应遵守爆破安全规程 4.10.6 款和 4.11 款有关各项规定。

6.2.5 煤矿井下爆破引发瓦斯突出事故

案例 1 1963 年 8 月，英国某地下煤矿，雷电由 20kV 高压线传至离地表 170m 处井下机电设备，造成设备对地放电引起瓦斯爆炸，造成重大伤亡事故。

案例 2 1990 年 12 月，河北某市东矿区街道办古冶煤矿西井，井下煤尘飞扬，违章"糊炮"引起瓦斯爆炸，造成 22 人死亡，6 人重伤。

案例 3 1991 年 10 月，辽宁某矿务局冠山三井，由于局部通风管理不善，瓦斯集聚，放炮引爆瓦斯，造成 11 死亡，5 人重伤。

案例 4 1991 年 12 月，辽宁某矿务局高德一井违章放"明炮"，引爆煤尘，造成 16

人死亡，3 人重伤。

案例 5 1991 年 12 月，新疆某市跃进钢厂五井田煤矿，放炮引起煤尘飞扬，电线明接头发生火花，引起瓦斯煤尘爆炸，死 3 人，重伤 3 人。

案例 6 1992 年 1 月，江西某市白上乡中山煤矿，井下掘进巷道放炮引起瓦斯爆炸，死亡 24 人。

6.3 拒爆事故案例

6.3.1 爆破器材过期、变质及装药不当引起的迟爆与拒爆

案例 1 1975 年 1 月，某铁矿北采工区 973 层面进行小型硐室爆破，一条导硐，两个药室。左药室装药 1.8t，右药室装药 0.6t。起爆体内装已过期 5 个月的毫秒电雷管，并外绑火雷管。起爆后发现爆破效果不好，怀疑有一个药室未响。25min 后，矿副主任等 12 人再次到 973 层面观看爆破效果，左药室突然爆炸，当场炸死 10 人。

案例 2 胡家峪铜矿采用有底柱分段崩落法进行回采，爆破采用装药器压气装铵油炸药，ϕ72mm 的深孔线装药密度为 4.2kg/m，孔口用导爆管毫秒雷管正向起爆。2000 年 5 月在一次爆破中出现拒爆药包，经查孔中雷管已爆，铵油炸药保存完整。拒爆原因分析为：（1）压气装药时，可能出现装药密度过大，出现"压死"现象；（2）人工装填起爆药未能到位；（3）配制铵油炸药时搅拌不均，或柴油添加量过多或过少。事后模拟试验证实以上分析，采取措施后避免了拒爆事故（摘自：《爆破》2001，（3）：第 81 ~ 82 页）。

评注： 装药不当，可能引起拒爆。装药施工应遵守爆破安全规程 4.10.6 款；4.10.7.3 款；4.10.8 款中有关规定；爆破现场炸药混制应遵守爆破安全规程 5.2.8 款有关规定，保证质量与安全。

案例 3 2001 年 4 月，海南省三亚市万国旅游管理楼拆除爆破，56kg 炸药装入 620 个炮孔内，设定分 6 段时差，历时 1025ms，大楼向东定向倒塌。起爆后，在黄烟弥漫中，高楼没倒，楼内 620 个炮孔只将炮孔直径扩大了一些。爆破工程承包商称，爆破失败的原因是炸药质量问题（摘自：2001-4-18《北京晨报》）。

评注： 实施爆破作业前，应按爆破安全规程 4.9.2 款要求，进行现场测试、检验；杜绝采用过期、变质及劣质爆破器材。

6.3.2 起爆网路失误引起的拒爆

案例 1 福建漳州某硐室大爆破施工中，发现 2-1-3 硐室中左药室拒爆。药室中大多数铵油炸药已溶解只剩木粉，但起爆体仍完好，传爆用的导爆索被切成 6 段，通过堵塞段的导爆管及塑料保护管也被断成几段，拒爆的药室多数已塌方。拒爆原因分析：该大爆破为控制爆破地震效应，设计由电雷管及导爆管雷管共同组成分 23 段的起爆网路，由于 2-1-3 与 2-1-1硐室之间延期时间相差 425ms（第 11 段和第 2 段），2-1-1 硐室起爆后，由于岩石移位、挤压变形使传爆的导爆管和导爆索被切断而产生拒爆（摘自：《爆破》1999，（1）：第 88 ~ 89 页）。

评注： 在硐室和深孔延时爆破设计时，应注意选取合理的点燃阵面宽度，并注意到爆破岩体、地质条件可能对起爆网路延时药包的不利影响。

案例 2　2001 年 6 月，四川邛崃某拆除爆破工程，爆破 4 幢共约 8000m^{2}旧楼，没有保证起爆网路准爆，3 次起爆后仍有雷管没响，造成只有 A2 和 D 楼按设计倒塌，B 和 C 楼倒塌效果差，A 楼没有倒塌。原因分析为：（1）雨天影响，操作过程中，雷管受雨水浸泡造成部分拒爆；（2）网路连接仓促，出现漏接和误接；（3）先爆楼房产生的飞石砸坏后起爆网路；（4）爆前未进行网路试验。

评注： 对起爆网路设计或施工操作失误，必然会造成药包拒爆，爆破失败。起爆网路要严格按照爆破安全规程 4.9.5 款各项规定设计与操作。对硐室爆破和其他 A 级、B 级爆破工程，应进行起爆网路试验；敷设起爆网路应由有经验的爆破员或爆破技术人员实施，并实行双人作业制；在可能对起爆网路造成损害的部位，应采取措施保护穿过该部位的网路。

6.3.3　处理盲炮引起的事故

案例 1　1972 年 12 月，某矿务局刘冲矿井下 + 10rn534 南平巷掘进工作面时，4 名凿岩工有 2 人将钎杆直接插进前一班爆破留下的残孔中凿岩。由于钎头冲击残孔中遗留的硝化甘油炸药，引起爆炸，造成 1 人死亡，3 人重伤。

案例 2　1980 年 2 月，山西某白云石矿工人在新平硐抽风井钻孔时，看到有残孔，没有处理就开始钻孔，由于粉尘弥漫，视线不好，钎杆滑落在残孔内，造成爆炸事故，1 人重伤。

评注： 违章处理盲炮，极易引发爆破事故。各类盲炮的处理，应严格遵守爆破安全规程 4.14 款的相关规定。在残孔附近钻孔时应避免凿穿残留炮孔，在任何情况下不应打钻残孔。

案例 3　1995 年 5 月，贵阳龙洞堡机场营盘坡工地，发生因改炮而引爆硐室盲炮的重大事故。该工地在 1993 年 12 月曾进行硐室大爆破，药包 165 个，装药量 3011t，爆破方量 255 万 m^3。在 1995 年 5 月原爆破堆碴区域内挖装石方时发现盲炮，挖出两车乳化炸药，并由爆破工取出了起爆体及未响的全部 4 发非电起爆雷管，因认为盲炮中炸药已经失效，在盲炮药室及周围大石块上布置了 24 个破碎大块用裸霹药包（单个药包药量 0.5 ~ 3.5kg），引爆裸露药包时带响盲炮药室中的残存炸药（估计残药约 10t），强大的爆破冲击波，造成周围 1500m 范围内 6 个自然村门窗玻璃大量破碎，个别房屋出现裂缝，部分电器及家具不同程度损坏。造成极其严重的社会影响。

评注： 通过此案例，人们应当引起以下反思：（1）在大规模的硐室爆破中能否避免盲炮；（2）如何及时发现硐室爆破发生的盲炮；（3）发现盲炮后应怎样及时处理；（4）在盲炮现场应采用什么安全措施。在爆破安全规程 5.2 款中，为保证硐室爆破药包准爆，从设计、施工、爆破器材及现场加工，起爆网路，均有明确的规定；在 4.13.2 款和 5.2.14 款中，对爆后检查，在 4.13.3 款和 4.14 款中对盲炮的处理也均有明确的规定。每个爆破作业人员，都要认真对待拒爆的预防和盲炮的处理，防止类似事故的再次发生。

6.4 爆破施工管理不善事故案例

6.4.1 爆破资质管理不当引起的事故

案例1 1995年6月，浙江温岭市西岙岭隧道工程，在掘进中发生一起爆破重大伤亡事故。该隧道总长223m，由丁××承接工程后，组织20余人的施工队，从1994年8月开始施工，至1995年5月底共掘进11.5m。当晚10时，共钻炮孔37个，孔深2.5m。每孔装药卷8~9个，4人用50~60cm长导火索分别点火，点火棒燃完后，继续用香烟点炮，待撤离时炮孔已逐个爆炸，造成死亡3人，重伤1人。

评注：爆破工在采用导火索起爆时违章操作是事故的直接原因。通过本案例还应吸取的教训是：有关单位在发包工程时，把工程给了不具备资质条件的施工单位；施工单位未制定施工安全与施工现场管理的各项规章制度；爆破作业人员未经过培训考核取得爆破安全作业证，属无证上岗。爆破企业与爆破作业人员，其资质条件必须符合爆破安全规程4.2款的有关各项规定。

6.4.2 违章施工引起的事故

案例1 1980年9月，某铜矿采场334台阶进行硐室爆破，按500m的警戒范围组织撤离人员。信号台发布爆破预备信号后，安全人员发现一些民工和家属躲在离爆破点只有290m的旧避炮洞内，但未组织撤离。炮响后，一些大块岩石飞落在这个旧避炮洞上，击垮3架棚子，使躲在下面的17名民工和家属中的7人当场死亡。

评注：爆破安全规程对爆破警戒（4.12.1款），爆破信号（4.12.2款）和爆后检查等待时间（4.13.1款）都有明确的规定。必须严格执行，严肃管理。

案例2 1985年3月，某市爆破工程队进行楼房基础桩孔开挖爆破作业。桩孔已开挖10m，继续向下用浅眼爆破破碎风化岩。半夜12h放炮，桩孔口未加遮盖，又未进行清场和安全警戒。起爆后破碎岩块从10m深桩孔中飞出，击中距爆破点50m处一工棚内正酣睡的一男青年头部，当场死亡。

案例3 1986年5月27日，某县上水径村大埔石场吕某、钟某两人进行浅眼扩壶爆破后，随即下药拟进行药壶爆破。因孔壁温度过高，未等两人离开药包即爆炸。吕某被爆炸气浪抛出14m，当场死亡。钟某被抛离孔口5m，重伤，经抢救无效死亡。

评注：药壶爆破施工作业应遵守爆破安全规程5.1.7款有关规定。用硝铵类炸药扩壶爆破后应等待15min或满足设计确定的等待时间，才准许重新装药。

6.4.3 由于施工中擅自更改设计或失查引起的事故

案例1 某公司在某市月亮湾20万kW电厂工地进行硐室爆破。申报的方案是掘进3条平硐、6个药室。总装药量为20.573t，分6段进行微差起爆。在硐室施工中擅自改为2条平硐、3个药室，总装药量仍达20.444t。导硐布置有明显缺陷，平硐与药室的连接横巷一条过短，一条夹角成大钝角。在未进行正式验收、又未上报审批同意的情况下匆匆进行大爆破作业。在装填施工中盲目赶进度，堵塞不实，起爆顺序又选择有误，起爆后两条硐子均发生冲炮，大量碎石飞向距爆区 150～250m 的光大木材有限公司（中外合资）厂房。

评注： 爆破安全规程 4. 4. 2 款规定：经安全评估审批通过的爆破设计，施工时不得任意更改。施工中如发现实际情况与评估时提交的资料不符，并对安全有较大影响时，应补充必要的爆破对象和环境的勘察及测绘工作，及时修改原设计，重大修改部分应重新上报评估。

案例 2　1986 年 5 月，某市拟爆破拆除三层工业厂房，要求部分保留。施工队在装药的同时切断保留部分的大梁（砸碎表层混凝土、割断钢筋），一间 7m 多高的旧房失稳坍塌，当场压死施工人员 4 人，压伤 3 人。

评注： 爆破安全规程规定，拆除爆破的预拆除设计，应征求结构工程师的意见并保证建（构）筑物的整体稳定。预拆除工作应在工程技术人员的指导下进行（5. 4. 2. 3 款）。

案例 3　1987 年 5 月，某公司在某市中医院基建工地用水压爆破拆除碉堡。按密布钢筋混凝土计算装药量，布大小药包 18 个（药量 1. 2～6kg），总药量为 100. 2kg。起爆后碉堡西南角碎块向前冲出，冲倒距碉堡 43. 2m 的变电所铁门，打碎 53. 7m 外居民楼 4 层以下窗玻璃几十块。事后检查发现该碉堡西南角下方一区段未布钢筋，系素混凝土，因而产生局部冲炮。

案例 4　某矿进行露天松动大爆破，装药前未校核药包最小抵抗线，实际上最小抵抗线由原设计的 20m 减少到 14m，但仍按 20m 计算药量装药，药量增加近两倍。结果松动爆破变成加强抛掷爆破，最远飞石距离超过 1000m，造成击伤 26 人，砸坏房屋 18 间、电铲 1 台的重大事故。

评注： 爆破安全规程 4. 3. 1. 4 款规定：爆破工程施工过程中，发现地形测量结果和地质条件，拆除物结构尺寸、材质等与原设计依据不相符时，应及时修改或采取补救措施。

6. 5　爆破有害效应事故案例

6. 5. 1　爆破个别飞散物引发的事故

案例 1　1966 年，成昆铁路建设中某硐室大爆破，硐室内有一软弱夹层未被发现，爆破时从该软弱夹层冲出大量碎石，将大渡河（宽 80m）对岸一村庄大片房屋打坏。

评注： 药包置于软弱夹层中，极易造成爆破冲击波裹携大量个别飞散物引发安全事故，在药室验收时，应注意检查有无新的地质构造，避免将药包布置在软弱夹层或混凝土接打缝中。

案例 2　1982 年，江西某铜矿硐室爆破，由于设计文件复写时错格，造成装药量失误，大量飞石落到 260m 外的旧避炮洞上方，砸坏了木架棚子，死 8 人，飞石最远飞出 750m，砸破房屋床板、家具和推土机，毁坏 6kV 供电线路及通讯线路。

案例3 1987年3月14日，某公司在某市鬼谷岭进行炸山平地爆破，共布置3条平硐、18个药室，总装药量为18.372t。在3号硐进行装填施工的民工队，擅自减少堵塞长度，偷工减料，降低堵塞质量，以致起爆后发生硐口冲炮，有十几块碎石越过硐口前方之小山脊，飞落到水平距离180~200m以外正基建中的广东省浮法玻璃（中外合资）厂房，把铝合金板屋顶砸穿12个洞，其中一石块将厂里一台备用发电机油箱底盖砸裂。事后索赔人民币12万元，该地区爆破因此中断。

评注： 爆破安全规程规定：爆破员应按爆破设计说明书的规定进行操作，不应自行增减药量或改变填塞长度（5.1.4.6款）；爆破工程技术人员或爆破工作负责人，应随时检查、核实各硐室的装药量和起爆体雷管段别及其安放和连接是否正确（5.2.10.1款）。

案例4 1987年3月16日，某公司在某地太子山进行总装药量为47.08t的硐室爆破，两排药包、前排松动，后排加强松动。起爆后后排边部药包改变了最小抵抗线方向，从侧面逸出，大量石块飞散。在距爆区180~200m范围内，打烂荔枝树18棵，并打坏工棚多个。

评注： 最小抵抗线是爆破设计最重要的参数，往往由于设计者未正确选择最小抵抗线，造成装药过量引发个别飞散物事故，在施工过程中，要注意核实最小抵抗线的大小和方向。

案例5 某港水下裸露爆破炸礁，水深1.0~1.5m，药包重量16kg，有一块碎石飞到300m远的岸坡上，发生事故。

案例6 某港水下炸礁，钻孔爆破直径98mm，孔深3~4m，最小水深1.0~2.0m，有一块石飞到200m远的岸坡上（高出水面近50m）。

评注： 水下爆破应重视水中冲击波及爆破个别飞散物的安全检算与防护。其安全措施与安全允许距离应遵照爆破安全规程5.5款及6.3.5款，6.3.6款，6.3.7款，6.3.8款执行。

6.5.2 爆堆、边坡塌方等引发的事故

案例1 1966年，湘黔铁路建设中，某硐室爆破大量块石抛入前方稻田中，稻田中淤泥挤压前方已建涵洞，造成涵洞变形报废。

案例2 1973年5月，石砭峪定向爆破筑坝（总装药量1582.9t，爆破方量236.5万m^3）爆破致使左岸上、下游各距爆破漏斗边缘120m及115m范围内，爆破时产生大量岩体滑塌，方量达24万m^3，有约万余方堵塞了导流洞进口，不仅给安全渡汛造成很大威胁，而且使该导流洞成为独头巷道，引发有害气体中毒事故。

案例3 1980年，福建某县江田乡玫山村采石场，因爆破震动，造成相距50m另一采石场塌方，死亡5人。

评注： 爆破设计前，应对爆破区域进行地形地质勘测，对爆破对象和爆破区域周围环境，建（构）筑物及设施进行调查（爆破安全规程4.3.1.3款）。应重视爆破堆石体，周边危坡、危石可能产生的安全隐患，爆破后应进行认真检查，对不安全因素应及时处理。

6.5.3　爆破冲击波引发的事故

案例 1　1971 年 9 月，湖北某工程队在高压线下放炮，爆破气浪扬起放炮线与 10kV 高压线接触并形成短路，造成重大事故。

评注：爆破气浪可能发生的安全影响也应防范。

案例 2　1980 年 12 月，江西鹰潭火车站一次深孔开挖爆破中，爆炸空气冲击波对周围的建筑物造成严重的破坏。这次爆破的基本条件是：岩石为红色厚层砂岩；深孔直径 150mm，深孔总数 1436 个，孔深从 0.6m 到 5.6m 不等，深孔间距 2.3m，排距 2.0m，炸药单耗 1.2kg/m^3，总装药量 22.7t，采用导爆索齐发起爆，共消耗导爆索 9600m（地表敷设 4000m）；放炮时天阴，气温 5℃。

爆破后的破坏情况如下：

（1）离爆区 650 ~ 700m 的鹰潭石油库区（海拔标高比爆区低 10 ~ 20m），近百扇玻璃全部破碎；两层的办公楼和平房住宅的木窗框向室内位移 0.5 ~ 2.0cm；3 座仓库的木大门折断损坏，一座仓库的屋顶桁架坍陷；许多平房天花板抹灰大面积脱落。

（2）离爆区 1300m 某部后勤基地的修理车间，四周的砌石承重墙有 1 ~ 3mm 宽的裂缝多条，4 幢住宅室内抹灰大量脱落，外走廊的砖柱位移 1 ~ 3mm；俱乐部中的吊灯震落了 19 盏。

（3）距爆区 2 ~ 3km 的市内房屋的个别玻璃窗被损坏，居民感到强烈振动。

评注：此案例提供的爆破数据资料表明，其设计存在严重的错误。主要是：（1）采用深孔齐发爆破的爆破方案是不合理的；（2）单耗 1.2kg/m^3 大了一倍以上；（3）孔距、排距不随抵抗线而变化，孔网参数偏小；（4）特别是采用大量地表导爆索（4000m），形成大面积平面药包，产生的爆破冲击波造成大范围的破坏事故。天阴使空气冲击波遇同温层反射，也是造成离爆源远处破坏的原因。

6.5.4　爆破地震动引发的事故

案例 1　1992 年，某爆破施工单位在广州市郊区承担一石方爆破任务，采用浅孔爆破，先后爆破石方约 1 万 m^3，距工点约 50 ~ 150m 范围内有一群 2 ~ 3 层居民楼，均为砖混结构，基础较差。爆破设计按允许爆破地面振速 2cm/s 控制，实际操作中单响炸药量最大不超过 10kg。施工过程中居民反映建筑物被震损坏出现大量裂缝，并向初级人民法院提出诉讼，法院委托公安机关组织专家对施工技术方案进行审查鉴定，鉴定认为，按设计方案施工不会危及居民楼的安全。居民举证资料有房管局房屋损坏报告，证实房屋在施工期间因受外力振动而损坏。法院认定：在施工期间无证据证明有其他原因致使房屋受损，施工队无证据证实未违章作业，施工队应负赔偿责任。施工队不服，上诉中级人民法院，中院经审理，认为未有新的证据出现，判决：驳回上诉，维持原判。

评注：因爆破振动安全问题引发纠纷，影响施工乃至提起诉讼的案件不少。对于爆破施工单位，应从此案中得出的启示是：对于重要的或有敏感问题的爆破工程，应在进场前、施工过程中做好环境调查和记录；应实施爆破安全监理，必要时应请公证机关进行施工过程公证；并建议对爆破工程投购第三者意外保险。另外，在此案中，尽管规定了单响最大炸药量，但如一次爆破规模及微差爆破段间时间间隔不当，仍有可能对邻近建筑物造成损伤，这是应予注意的。

6.5.5 爆破有毒气体引发的事故

案例1 1973年5月，石砭峪定向爆破筑坝（总装药量1582.9t，爆破方量236.5万m^3），爆破后次日在导流隧洞（进口端因上游塌方已堵死洞口）中，工作人员因爆破有害气体中毒，先后中毒27人，其中5人死亡。中毒原因分析为积聚在大爆破堆石体中的有害气体，通过与导流隧洞联通的横巷扩散所至。在爆破后7天，导流隧洞中NO_2、CO浓度仍大大超出安全允许值。

评注：要重视积聚在大爆破堆石体中的有害气体。爆破安全规程规定：爆后24h内，应多次检查与爆区相邻的井、巷、硐内的有毒、有害物质浓度（6.8.1.4款）。

案例2 1983年6月，山东某铁矿井下中深孔爆破（3.8t炸药），自然通风，次日工人下井时造成爆破有毒气体中毒，连同救护人员，造成34人中毒，死亡2人的重大事故。

案例3 1984年6月，某铁矿推广深孔爆破一次成井，在没有通风措施的情况下实施爆破，炮烟中毒死亡7人。

案例4 1984年，山东某矿为炸塌需拆除的旧涵洞分3次爆破，第3次爆破时，工人进洞后即相继昏倒，救护人员也发生昏倒，先后28人中毒，死亡4人。

案例5 1990年，山东某市薛城区周营煤矿放炮后落煤堵住风口，集聚有害气体，致使3人窒息死亡。

案例6 某水电工程队在导流洞口进行大爆破，洞内人员没全撤出，响炮后部分钻工马上又进洞打钻，3min后大股炮烟涌进洞中，造成40人中毒死亡。

评注：在地下矿山及小井或平硐掘进中，应十分重视爆破有害气体的监测，保持爆破作业场所通风良好，按照爆破安全规程4.13.1.4款，5.2.6.4款，5.2.14.2款，5.3款及6.8款中的有关要求，采取措施，预防炮烟中毒。

6.5.6 由爆破引发的次生灾害事故

案例1 1991年1月，实施的惠州港油制气码头大爆破，爆区是一个长1000m，宽约350m，高96m的四面临海芝麻州孤岛，总炸药量3300t，采用13段微差起爆，最大一段装药量352t，最大药包最小抵抗线24.5m，爆破作用指数1.14。爆后产生的涌浪高达2.5m左右，当遇上高3m的码头时，涌流爬高达6m左右，将码头上几十座工棚全部推倒，码头边沿上的石头有一部分冲上岸。涌浪对海中鱼类也有影响，据1992年6月3日羊城晚报报道：去年1月实施的芝麻洲岛大爆破，造成渔业种苗资源的巨大损失，补救行动共耗资200万元。

案例2 广东某海岛硐室大爆破，涌浪作用范围超过1km，引起停泊在码头的船只相撞成较为严重的损失。

评注：爆破安全规程6.8.5款规定：靠近水域实施土岩爆破时，应调查岸滩的坡度、坡底及水深情况；提出涌浪对岸边建筑物、设施以及水上船舶、设施的影响程度和范围，并于爆前会同各有关单位协商提出保证安全的措施。

案例3　1991年3月，新疆某县白杨河煤矿，在地质情况不清的情况下，违章爆通采空区引起透水事故，死亡4人。

案例4　1991年4月，山西某县八义乡龙山村煤矿，在地质情况及老空区情况不明，没有设计的情况下，盲目布置巷道并施工，发现淋水后仍冒险作业，导致放炮引发透水事故，死亡8人。

评注：爆破安全规程规定：对地下爆破，工作面的空顶距离超过设计（或作业规程）规定的数值时，不应爆破（5.3.1.2款）。装药前应检查采场顶板，确认无浮石，无冒顶危险，方可开始作业（5.3.4.1款）。爆破前应调查、了解危及安全的不利环境因素，采取必要的安全防范措施，防止透水，冒顶等事故发生。

参考文献

1 陶颂霖．凿岩爆破．北京：冶金工业出版社，1986
2 王德胜，龚敏，孟春燕．工程爆破．北京科技大学，1998
3 中华人民共和国国家标准，爆破安全规程（GB 6722—2003）．北京：中国标准出版社，2004
4 乡镇露天矿场安全生产规定．北京：劳动人事部等，1988（内部出版）
5 于亚伦．工程爆破理论与技术．北京：冶金工业出版社，2004
6 甘海仁，杨永顺，李永星．我国凿岩机械现状．矿山机械，2006，6
7 顾毅成．爆破工程施工与安全．北京：冶金工业出版社，2004
8 吕淑然．雷管段别对露天台阶爆破地震效应的影响研究．中国矿业，2005，6
9 金小田．露天台阶爆破炮孔填塞长度的研究．化工矿物与加工，2005，2
10 周令剑．小型露天采石场爆破作业安全评价方法的探讨．工业安全与环保，2006，4
11 安立昌．露天土岩爆破工程的质量与安全控制．爆破器材，2006，1
12 王永刚．大斜线起爆方法在露天爆破中的应用．露天采矿技术，2004，2
13 税承慧．露天爆破中产生大块和根底的原因及对策．矿业快报，2003，3
14 赵兴东．露天爆破钻孔施工工艺研究．有色矿冶，2006，2
15 张可能．露天爆破的控制方法．矿业快报，2000，6
16 王振杰．谈谈我矿露天爆破中的安全管理．工业安全与防尘，2000，2
17 陈家钧．露天爆破安全管理与控制问题探讨．爆破，2000，S1
18 孙俊鹏．初探填塞对爆破飞石的有效控制．中国矿业，2000，S1
19 涂春根．提高露采爆破质量的生产实践．江西有色金属，1999，3
20 钟冬望．露天爆破毒气传播规律探讨．工程爆破，1999，1
21 王增平．东铅锌矿露天台阶大孔距小抵抗线爆破技术的研究．矿业研究与开发，1999，S2
22 王国辉．逐孔起爆技术在霍林河南露天矿的应用．露天采矿技术，2006，3
23 韦公远．露天台阶爆破中飞石产生原因及防止．煤矿爆破，2004，2
24 高毓山．南芬铁矿降低露天矿爆破震动的实践．矿业研究与开发，2003，2
25 韩志型．露天爆破控制方法．世界采矿快报，1999，8
26 张春雷．台阶中深孔爆破孔网参数优化．中国钼业，1997，5
27 秦双喜．台阶爆破产生根底原因分析．露天采煤技术，1997，3

冶金工业出版社部分图书推荐